남성 커트
14일에
완전 정복하기

남성 커트 14일에 완전 정복하기

초판인쇄 2011년 10월 5일
재판발행 2014년 9월 30일

지은이 | 하상중
발행인 | 방은순
펴낸곳 | 도서출판 프로방스
북디자인 | Design Didot 디자인디도
마케팅 | 최관호

ADD | 경기도 고양시 일산동구 백석2동 1330번지 브라운스톤일산 102동 913호
TEL | 031-925-5366, 5367
FAX | 031-925-5368
E - mail | Provence70@naver.com
등록번호 | 제313-제10-1975호
등   록 | 2009년 6월 9일
ISBN | 978-89-89239-58-1   13590

값 20,000원

남성 커트
14일에
완전 정복하기

하상중 지음

책을 집필하며…

이 책이 벌써 저의 세 번째 책이 되었습니다.

이번 책은 조금 더 자세히 풀어쓰고자 노력했고, 누구나 쉽게 남성 커트를 할 수 있었으면 하는 마음에 시간과 공을 많이 들였습니다. 시중에 나와 있는 남성 커트 책이 거의 전무한 형편이어서 더욱 소중한 책이 되리라 생각합니다.

커트는 건축을 하는 것과 같습니다. 즉 디자인을 하고 땅을 다지듯이 잘못된 오류를 잡아내어 차분하게 만들어주고 내장재를 집어넣어 완공하듯 시술을 통해 모양을 만들고, 옆 가위질과 싱글링 (Shingling)으로 마무리를 해야 하기 때문에 건축하는 것과 다를 바가 없다고 생각합니다.

이렇게 커트라는 것은 까다로운 작업이라 하겠습니다. 따라서 남성 커트는 그냥 조금 잘라보고 시술하는 것이 아닙니다. 많은 시간투자와 기술의 연마로 고독한 싸움을 벌여야 하는데도 불구하고, 간단하게 생각하는 사람이 많아서 좀 씁쓸하기도 합니다.

지금까지는 제대로 된 남성 커트의 기본서가 없었습니다. 그래서 자신이 교육하기에 좋게 자신만 아는 모양으로 만들어 가지고 있는 형편입니다. 두정부의 모발을 어떻게 연결하는지조차도 모르는 이·미용사들도 있습니다. 그런 의미에서 이 책은 저자가 남성 커트 교육을 하면서 하나하나 적립한, 쉽게 풀어놓은 남성 커트 전문서라고 보면 됩니다. 초보자도 따라 하다 보면 14일이면 웬만한 커트 정도는 쉽게 할 수 있도록 했는데, 그래서 책 제목도 '남성 커트 14일에 완전 정복하기'입니다. 차분하게 혼자 연습해도 기술이 빠른 시간 안에 습득되어질 수 있도록 했습니다.

동영상도 첨부하여 기본자세부터 시술 방법 등 책으로만 봐서는 쉽게 알 수 없는 부분을 잘 해설해놓았으므로 한 번만 보아도 실력이 금방 늘 것이라 장담할 수 있습니다.

20년이 넘도록 남성 커트를 시술하고 지금은 남성 커트 전문 강사로 활동하면서 느끼는 일이지만, 주위에서 남성 커트를 무시하는 경향이 있음을 자주 봅니다. 하지만 이제 세상이 바뀌었습니다. 앞으로 헤어디자이너들은 1차원적 입장으로 시술하는 것이 아닌, 3차원적 입장에서 시술을 해야 할 것입니다. 예전에는 고객의 만족도가 높으면 그만이었지만 요즘은 고객의 만족도도 높아야 하고, 제3자가 보는 시선도 의식하면서 시술을 해야 합니다.

앞으로 많은 이·미용사들이 커트를 잘하는 그날까지 저는 책도 쓰고 강의를 하기 위해 달려갈 것입니다.

이 자리를 통해 가위에 대해 협조를 아끼지 않으신 경수가세 방성근 사장님께 진심으로 감사드리며 또한 이 책 출간을 맡아주신 프로방스 조현수 대표님께 감사를 드립니다. 언제까지나 함께 가겠습니다.

2011년 9월

하상중

Contents

입문

이용의 역사 / 12

한국 이용의 발달 / 13

근대의 이용 / 13

이용(理容) / 15

이발소(理髮所) / 16

면도(面刀) / 17

기초

0 두부의 포인트 / 20

1 남성 커트의 정의 / 21

2 남성 커트 조화도 / 22

3 두골의 상(머리 모양) / 23

4 가위(Scissors) / 24

5 가위의 역사 / 24

6 가위의 종류 / 25

7 가위에 대한 일반상식 / 26

8 좋은 가위의 선정방법 및 보관법 / 27

9 가위의 사용방법 / 29

10 가위 선택시 주의사항 / 29

11 가위의 수명 / 31

12 커트 시술 후 가위 관리 / 32

13 미용가위의 원리와 구조 / 32

14 가위의 분류 / 33

15 가위의 기본 원리 / 34

16 가위의 길이 / 34

17 이 · 미용 가위의 종류 / 35

18 숱(틴닝)가위란? / 36

19 숱가위의 분류 / 37

20 빗의 정의 / 38

21 가위의 정의 / 39

22 클리퍼(바리깡)의 정의 / 40

23 기타 도구 / 41

24 모발(Hair) / 41

25 모발의 종류 / 46

26 모발의 손상 / 47

27 모발 손상의 회복 / 48

28 두피의 종류 / 48

29 샴푸 / 50

30 린스 / 51

36 트리트먼트 / 51

37 탈모 예방과 두피 관리법 / 52

38 헤어제품 제대로 알고 쓰기 / 53

39 이마의 넓이에 따른 앞머리 스타일 / 54

40 얼굴형에 맞는 헤어스타일 / 54

41 가마의 종류 / 57

42 모류의 정의 및 종류와 정리법 / 60

이론

1 커트의 용어 / 72

2 빗의 구조 및 기능 / 75

3 빗 잡는 자세 / 76

4 가위의 구조 / 77

5 가위 잡는 자세 (바로잡기) / 77

가위 잡는 자세 (세워잡기) / 78

6 빗에 가위를 붙이는 방법 / 79

7 클리퍼의 구조 및 기능 / 80

8 클리퍼를 잡는 자세 / 81

9 테이퍼링(옆가위질) 자세 / 82

10 드롭핑(끊어치기) 자세 / 83

11 숱가위의 시술시 방법들 / 84

12 숱가위의 시술 자세 / 85

13 숱가위 좌측두부 시술방법 / 86

14 숱가위 우측두부 시술방법 / 87

15 숱가위 후두부 시술방법 / 88

16 숱가위 두정부 시술방법 / 89

17 숱가위 앞머리 시술방법 / 90

연습 1일

1 잘려야 할 모발/ 잘리지 말아야 할 모발 / 92

2 두정부 기장커트 가위 자세 / 94

3 측두부, 후두부 기장커트 가위 자세 / 95

4 두정부 기장커트 해설 / 96

5 측두부 기장커트 해설 1 / 97

측두부 기장커트 해설 2 / 98

6 후두부 기장커트 해설 / 99

연습 2일

1 클리퍼를 빗에 붙이는 방법 / 102

2 클리퍼 두피 시술방법 / 104

3 클리퍼로 시술하며 빗을 올리는 방법 / 105

4 클리퍼 후두부 밑모발을 처리하는 방법 / 107

5 클리퍼 측두부 밑모발을 처리하는 방법 / 108

연습 3일

1 두피에 빗과 가위를 대는 방법 / 112

2 귀앞모발(구레나룻)에 가위밥을 주는 방법 / 114

3 측두부 밑모발에 가위밥을 주는 방법 / 115

연습 4, 5일

1 쇼트커트 시술 해설 / 118
2 쇼트커트 클리퍼 시술 1 / 120
쇼트커트 클리퍼 시술 2 / 121
3 쇼트커트 테이퍼링 시술 / 122

연습 6, 7일

1 상고 스타일 숱가위 시술 / 124
2 상고 스타일 기장 커트 시술 / 126
3 상고 스타일 클리퍼 시술 / 127
4 상고 스타일 가위밥, 테이퍼링 시술 / 128

연습 8, 9일

1 스포츠 스타일 시술 해설 / 130
2 스포츠 스타일 두정부 시술방법 / 132
3 스포츠 스타일 측두부 시술방법 / 133
4 스포츠 스타일 후두부 시술방법 / 134
5 스포츠 스타일 완성도 해설 / 135

연습 10, 11일

1 스포츠 스타일 클리퍼 시술 1 / 138
스포츠 스타일 클리퍼 시술 2 / 140
2 스포츠 스타일 테이퍼링 시술 / 142

연습 12, 13일

1 스타일 커트 숱가위 시술 1 / 144
스타일 커트 숱가위 시술 2 / 146
스타일 커트 숱가위 시술 3 / 147
스타일 커트 숱가위 시술 4 / 148
스타일 커트 숱가위 시술 5 / 149
2 스타일 커트 두정부 기장커트 시술 / 150
3 스타일 커트 측두부 기장커트 시술 1 / 151
스타일 커트 측두부 기장커트 시술 2 / 152
4 스타일 커트 클리퍼 시술 1 / 153
스타일 커트 클리퍼 시술 2 / 155
스타일 커트 클리퍼 시술 3 / 157

연습 14일

1 스타일 커트 후두부 밑라인 시술방법 / 160
2 스타일 커트 우 · 좌측두부 밑라인 시술방법 / 162
3 스타일 커트 구레나룻 시술방법 / 164

실전

실전 **1** 쇼트커트 / 166
실전 **2** 쇼트커트 / 168
실전 **3** 쇼트커트 / 170
실전 **4** 쇼트커트 / 172
실전 **5** 아동 스타일 / 173

실전 **6**　　곱슬 커트 / 174

실전 **7**　　곱슬 커트 / 175

실전 **8**　　곱슬 커트 / 176

실전 **9**　　곱슬 커트 / 177

실전 **10**　　상고 커트 / 178

실전 **11**　　상고 커트 / 179

실전 **12**　　상고 커트 / 180

실전 **13**　　상고 커트 / 181

실전 **14**　　상고 커트 / 182

실전 **15**　　제비추리 커트 / 183

실전 **16**　　제비추리 커트 / 184

숱가위 시술 도해도

숱가위 처리 도해도 **1**　　아동 커트 / 186

숱가위 처리 도해도 **2**　　아동 커트 / 188

숱가위 처리 도해도 **3**　　상고 커트 / 189

숱가위 처리 도해도 **4**　　곱슬 커트 / 190

숱가위 처리 도해도 **5**　　긴 상고 커트 / 191

숱가위 처리 도해도 **6**　　제비추리 커트 / 192

면도

1　　일도기 잡는 자세 / 194

2　　면도하는 방법 / 195

자료협조 : 경수가세
자료참조 : 남성커트의 정석

입문

이용의 역사

　　BC 1900년경에 헤브라이(Hebrai)족의 추장이 죄인을 처벌할 때 두발을 삭발했고, 그 두발이 자랄 때까지 범인 자신이 죄를 뉘우치며 속죄하던 유래로부터 이용에 관한 역사는 시작되었다.

　　그 후 여러 세기 동안에 인류문화가 발달되고 이에 따라 부족간의 상호 협조로 생활의 향상도 있었지만, 투쟁도 많아 그 당시 머리에 부상을 입은 사람들의 두발을 삭발하고 치료를 해주어야 하는 일들이 많이 생겼다. 이용사와 의사가 직분을 겸하고 있었는데 1804년 프랑스의 나폴레옹 제1제정 당시에 인구의 증가와 사회구조가 점차 복잡해지자 이용사와 의사를 구별할 필요성을 느끼게 되었다. 이용원과 병원을 겸할 수 없다고 인식한 나폴레옹 정부의 위정자들은 프랑스 최초의 이용사 잔 바버(Jean barber)로 하여금 병원과 이용원을 분리시키는 작업을 하게 하여 이용이 역사상으로 독립하게 되었다. 그리고 지금까지 이용원 입구마다 설치되어 있는 청·홍·백색의 사인보드는 그 당시의 병원 표시였던 정맥과 동맥과 붕대를 의미하는 것으로 전해지고 있다. 이용 문화의 급진적인 발달과 더불어 사인보드는 이용원이 차지하게 되었고, 전 세계에 보급되어 공통 사용하고 있는 적십자 표시는 병원이 차지하게 되었다고 알려져 있다. 세계 최초의 이용사는 역시 프랑스의 잔 바버를 꼽을 수 있으며 그는 조국을 위한 공을 많이 세웠다고 한다.

한국 이용의 발달

옛날 우리나라 남자들은 총각 시절에는 머리를 땋아 내렸고, 결혼한 사람은 상투를 틀어 올렸다. 그러나 일본과 서양문물이 밀려 들어와서 개화의 물결이 거세지자 드디어 서기 1895년 11월 17일 김홍집 내각은 전 국민에게 삭발을 하라는 준엄한 단발령을 공포했는데, 을미사변 이후 내정개혁에 주력하며 조선개국 504년 11월 17일 건양원년 1월 1일자로 음력을 약력으로 바꿔 사용하는 동시에 전국에 단발령을 내린 것이다. 고종은 단발령에 솔선수범하여 가위를 든 안종호에게 세자와 함께 머리를 깎았으며 내무대신 유길준은 고시를 내려 관리들이 우선적으로 머리를 깎게 했다. 우리나라에는 옛적부터 머리를 소중히 여기는 전통이 있었는데 이것은 신체는 부모에게서 받은 것이므로 감히 훼손하지 않는 것이 효도의 시작이라는 유교의 가르침에서 유래된 것으로 많은 선비들은 '손발을 자를지언정 두발을 자를 수는 없다'고 분개하며 정부가 강행하려는 단발령에 완강하게 반대했다.

그러나 오랜 진통 끝에 구미문명을 흡수하려는 개화사상을 받아들여 한국 이용의 역사를 창조하게 되었다. 당시 고종과 세자의 머리를 깎았던 안종호는 일찍 등과하여 18세에 전라도 완주 군수를 역임했고 왕족 자제들만을 가르치며 구습을 타파하는 순회공연도 했으며 방역회를 조직했다. 그 첫 사업으로 서울 종로에서 이용원을 개설했다고 한다.

근대의 이용

1. 시험제도

우리나라의 이용사 시험제도는 1923년 당시 일제강점기이어서 야마모토라는 일본인이 주동이 되어 최초의 강습회를 시작해 그해 가을에 처음으로 국가가 시행하는 이용사 자격시험을 실시하게 되었다. 그 당시의 시험출제는 주로 당시 의학박사인 주방주 씨의 저서인

〈위생독본〉이란 책에서 출제되었으며 생리해부학, 소독법, 전염병학, 면접시험, 실기시험 등을 실시했다고 한다. 해방 이후 서울특별시의 이용사 시험실시는 1948년 대한민국 정부가 수립된 이후부터였고 부산광역시의 시험은 1954년부터 실시되었으며 그 후 내무부산하 각 시 · 도에서 이 · 미용사법에 따라 한국산업인력공단이 보건복지부에서 제정한 공중위생법에 의거하여 실시하고 있다.

2. 교육제도

해방 전인 일제강점기에는 뚜렷한 교육기관이 전혀 없었고 이용사들에게 사사해서 기술을 익히고 〈위생독본〉으로 독학을 해서 자격을 취득하거나 보조원 생활을 했다고 볼 수 있다. 해방 후에도 혼란기라 역시 교육기관이 없었으나 6 · 25 전쟁 후 사회가 급변함에 따라 몇 군데의 학원이 생겨났지만 체계적인 교육기관은 전무한 상태였다. 1년제 고등기술학교에 이용과를 신설, 상당수의 이용사를 배출하기 시작했는데 한때 장발이 유행해서 학생수가 감소되었으나 1980년대에 들어와 두발 형이 변모되어가면서 다시 활기를 띠기 시작했다.

3. 최근의 이용

일제강점기 때의 두발은 양옆과 뒤를 치켜 깎고 윗머리가 10~15㎝ 정도의 길이인 하이칼라 스타일이 보편적으로 계속되었다. 제2차 세계대전 말기에는 일본군국주의에 의해서 또다시 삭발령이 공포되어 남자들은 박박머리를 하고 다녔으며 소녀들은 주로 단발 커트 머리를 했다.

이용(理容)

이용(이발)이란 머리카락이나 수염을 정돈하는 일을 말한다. 1986년에 제정된 공중위생법에서는 이용업을 '머리카락 및 수염을 깎거나 다듬는 등의 방법으로 손님의 용모를 단정하게 하는 영업'이라고 정의하고 있다.

서양에서의 이용의 역사는 바빌로니아의 함무라비 왕(재위 BC 1792~BC 1750)이 제정했던 함무라비 법전에 '이용을 업으로 하는 사람'에 관한 이야기가 기록된 것으로 보아 이보다 좀 더 오래 되었으리라 추측하고 있다. 이 법전에는 의사의 보조자로서 외과수술이나 이齒의 치료 따위도 직접 했다는 내용이 실려 있으며, 중세에는 상처의 치료나 피를 뽑는 등의 일반적인 외과 업무도 겸했다. 이를 이발의사(理髮醫師)라고 했다.

그 후 르네상스 때에는 의학 분야에서도 라틴어 독해력이 중시되고 라틴어 어학실력이 있는 사람과 그렇지 않은 사람의 구별이 생겼다. 고대 문헌을 이해하는 능력의 중요성이 강조되었기 때문이다. 이로부터 라틴어 실력을 갖춘 사람은 의학을 중심으로 의사이발, 그렇지 않은 사람은 이발을 중심으로 이발의사라고 부르는 등 사회적 지위에 차별을 두는 관습이 생겼다.

이용업무와 의사업무가 별도의 전문직으로 확실히 구분되기 시작한 것은 루이 14세(재위 1643~1715) 시대부터이다. 현재 이발소에서 볼 수 있는 청·홍·백의 줄무늬가 들어 있는 사인보드는 동맥·정맥·붕대를 상징하던 당시 관습의 흔적이다. 그리고 이발사란 뜻의 바버(barber)는 라틴어의 턱수염(barba)에서 유래된 말이다. 한편 한국에서는 1895년(고종 32년) 11월 단발령이 내려지면서부터 이발이 시작되었으며, 최초의 이발사는 왕실 이발사 안종호라고 전해진다.

이발기능을 습득하려면 고등기술학교나 사설학원에서 6개월에서 1년 정도의 훈련을 거쳐 자격면허 시험에 합격해야 한다. 시험은 필기·실기가 있으며 1년에 4회 실시한다.

이발사는 노동 수요와 공급에 그다지 영향을 받지 않는 편이므로 비교적 안정된 직종이라 할 수 있다. 또한 이용업은 단순히 머리카락을 자르고, 감기고, 수염을 면도하는 실용적 측면의 이용에서 점차 헤어패션을 중시하는 헤어스타일리스트 살롱이나 머리카락의 건강을 관리하는 헤어클리닉 살롱으로 발전해가는 추세를 보이고 있다. 현재의 이용방법을 크게 나누어보면 정발기술(整髮技術)로는 커팅(자르기)·세팅(가다듬기)·샴푸·트리트먼트·염색·가발·드라이·파마넌트 등이 있고, 안면기술(顔面技術)로는 면도·페이셜마사지(美顔術)·콧수염 정리 등이 있다.

이들 기술은 패션적·정서적·의료적 요소 이외에 약품·화장품이나 면도칼·전기기구 등을 사용하므로 과학적 지식과 위생적 배려도 요구된다.

현재 이용과 미용이 법률상 하나인 나라와, 한국의 경우처럼 따로 구별된 나라가 있는데 세계적으로는 이 두 분야가 하나로 통일되어가는 추세이다.

이발소(理髮所)

모발(毛髮)을 자르고 다듬는 일을 하는 이발사는 중세 서양에서는 대개 외과의사나 욕탕업을 부업으로 했다.

이발사는 소정의 자격면허를 취득해야 하는데, 고객의 머리 형태를 고객의 요청과 얼굴형에 맞게 선택하여 자르거나 다듬고 염색·세발·머리손질 등을 한다. 서비스업에 종사하는 만큼 위생관리에 힘써야 하며 고객을 상대하는 사교술 및 머리형을 창조하는 기술과 감각을 갖는 것이 중요하다.

면도(面刀)

　면도란 얼굴에 난 잔털이나 수염을 깎는 칼 또는 면도질하는 일을 말한다. 면도칼은 석기시대부터 사용되었으며 돌·뼈·뿔 등으로 만들어졌다고 하는데, 고대 이집트시대에 들어와서는 청동면도칼이 사용되었다.

　현재 머리털을 자르는 데에도 사용되며 독일의 졸링겐에서 만들어지는 면도칼은 세계적으로 유명하다. 날을 갈아 끼우는 안전면도기는 1903년 미국의 K.질레트의 의해 발명된 이후 개량이 계속되어 스테인리스강 날도 출현했다.

[면도칼로 인한 모창(毛瘡)]

　모창은 남성의 수염, 드물게는 눈썹이나 겨드랑이털 등의 경모(硬毛)에 화농균이나 진균(곰팡이) 등이 감염되어 모낭염을 일으키는 것을 말한다. 심상성 모창은 주로 표피포도상구균, 때로는 황색포도상구균에 의해 일어난다.

　남성의 콧수염·턱수염 부분에 먼저 홍색 구진(丘疹)이 발생하고 이것이 농포(膿疱)로 된 뒤 결국 터져서 부스럼딱지가 형성되는데, 치료에는 항생물질을 사용한다.

기초

두부의 포인트

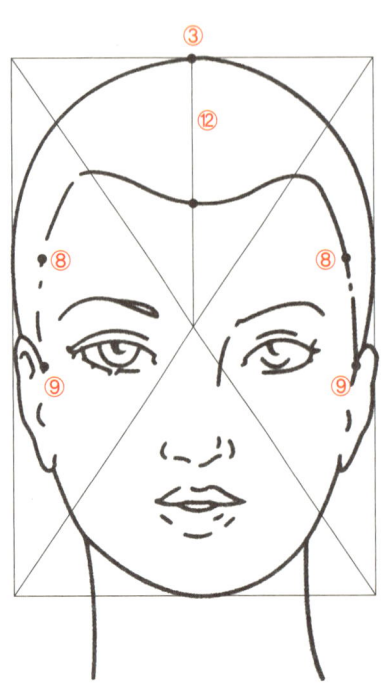

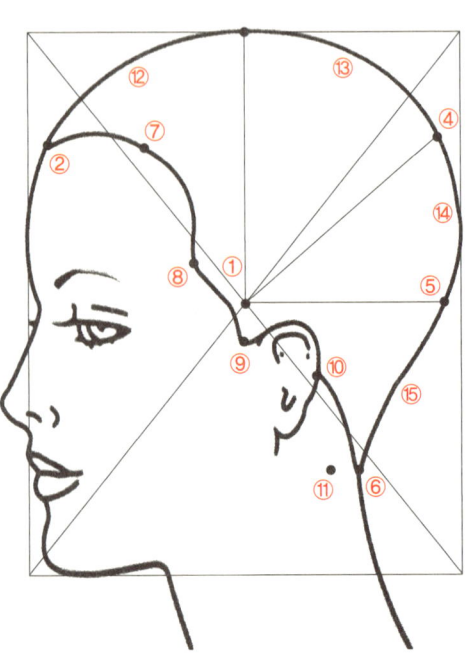

번 호	기 호	명 칭
①	E·P	이어 포인트 (Ear Point)
②	C·P	센터 포인트 (Center Point)
③	T·P	탑 포인트 (Top Point)
④	G·P	골든 포인트 (Golden Point)
⑤	B·P	백 포인트 (Back Point)
⑥	N·P	네이프 포인트 (Nape Point)
⑦	F·S·P	프론트 사이드 포인트 (Front Side Point)
⑧	S·P	사이드 포인트 (Side Point)
⑨	S·C·P	사이드 코너 포인트 (Side Corner Point)
⑩	E·B·P	이어 백 포인트 (Ear Back Point)
⑪	N·S·P	네이프 사이드 포인트 (Nape Side Point)
⑫	C·T·M·P	센터 탑 미디엄 포인트 (Center Top Medium Point)
⑬	T·B·M·P	탑 골든 미디엄 포인트 (Top Golden Medium Point)
⑭	G·B·M·P	골든 백 미디엄 포인트 (Golden Back Medium Point)
⑮	B·N·M·P	백 네이프 미디엄 포인트 (Back Nape Medium Point)

남성 커트의 정의

사실 남성 커트의 정의를 말하라면 속 시원한 답이 별로 없다.

단정한 머리, 깨끗한 머리, 상고형의 머리라고 할 수는 있겠지만 현재의 남성 커트는 유니섹스 시대이니만큼 스타일의 다변화와 많은 스타일의 생산으로 경계가 갈리고 있는 것이 사실이다.

하지만 기본에 충실한 머리모양을 가지고 있어야 한다는 것이다. 현재는 스타일의 다변화는 물론 연예인 스타일의 주도로 인해 남성 커트의 기본인 상고형의 모양을 잃어가고 있다. 그러나 젊을 때의 패션은 젊을 때이고, 회사에 입사를 하거나 사회에 나올 때에는 어쩔 수 없이 머리모양이 단정해지는 것은 부정할 수 없는 문제이다. 따라서 상고형 커트는 기본이라고 말할 수 있다. 즉 모든 작업에는 커트가 수반되어야 한다는 것이다.

하지만 그냥 모양만 추구하는 것이 아니라 **모류를 이해하고 지간을 이해해야 하며 시술했을 때의 스타일이 아닌 시술 후 머리카락이 자라날 때 차분하고 자연스러운 스타일을 추구하는 것이 남성 커트의 정의**라 할 수 있겠다. 남성 커트에는 물리학과 수학과 과학이 함께 들어 있다.

알고 보면 모양과 스타일도 다 다르고 자르는 방법도 다양한데다 나름대로 공식까지 갖추고 있는 것이 남성 커트이다. 그러므로 안일한 방식보다는 체계적이고 과학적인 시술 방식이 도입되어야 한다. 또한 시술을 하는 이·미용사들의 마음 자세도 남자나 여자를 떠나서 손님의 머리모양이 내 머리라는 마음으로 시술을 해야 손님이 원하는 훌륭한 스타일이 나온다는 것을 명심해야 한다.

남성 커트 조화도

남성 커트는 여성 커트와 길이의 편차와 **질감과 균형미** 그리고 **스타일**을 합쳐 조화를 이룬다.

균형미는 좌우의 모양과 상하의 모양이 어울리느냐 하는 것을 의미하고, **질감**은 머리카락의 양이 무거우냐, 가벼우냐를 의미한다.

스타일은 손님이 원하는 모양을 만들어주는 것이다.

이 중에서 제일 중요한 것은 질감의 처리 문제일 것이다.

뒷부분의 실기에서 집중적으로 다루겠지만, **질감**의 정리는 예전에는 단지 숱의 감소를 의미하는 것이었지만 작금의 현실은 사람들의 숱 양이 많지 않으므로 숱을 잘라내는 것이 아니라 무거움만 감소하는 것으로 해야 한다.

두골의 상(머리 모양)

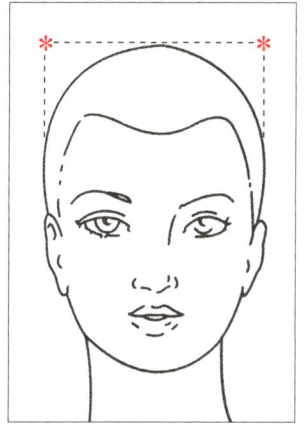

머리 모양은 학문적으로 말하는 두개골의 상을 의미하는 것이 아니라 얼굴을 포함하는 두골을 의미한다.

사진에서처럼 두골의 형은 4각형의 구조로 보아야 한다. 전체적인 형은 둥그런 모양을 하고 있지만 사람의 머리 모양은 사진의 별(＊)표 자리에서는 각의 모양을 하고 있다. 두정부의 모양은 사진에서처럼 평행을 이루는 것이 아니라 곡선을 이루고 있다. 따라서 두정부에서 측두부로 내려오는 부분도 역시 세로로 곡선을 이루고 있다. 그러므로 머리의 모양은 4각형의 구조 안에서 생각해야 한다.

머리카락을 자르기 위해서 많은 사람들이 알고 있는 오각형, 둥근형, 삼각형, 역삼각형, 타원형이라는 것은 두골의 형상이 아닌 얼굴형을 의미하는 것이다.

의학적으로 두개골에는 전두골, 후두골, 두정골, 측두골이 있다.

가위(Scissors)

가위는 2개의 날[刃]을 엇갈아서 옷감, 종이, 머리털 등을 자르는 기구이다. 교도(交刀)·전도(剪刀)·협도(鋏刀)라고도 한다.

지레의 원리를 응용한 것으로 지점(支點)의 위치에 따라 원지점식(元支點式)·중간지점식(中間支點式)·선지점식(先支點式)으로 나눌 수 있다. 원지점식은 U자형으로 구부러진 용수철이 있는 곳이 지점이며 쥐는 가위와 자수용 가위 등이 있다.

일반적으로 재단가위라든가 의료가위 등은 중간지점식에 속하며, 지점의 위치를 용도에 따라 바꿀 수 있다. 날을 길게 하면 한번에 길게 자를 수 있는 반면에 힘이 많이 들어가고, 짧게 하면 한번에 짧게 자를 수 있는 반면에 힘이 적게 들어간다.

선지점식에는 눌러서 자르는 가위, 과일따기 가위 등 특수한 것이 있다.

가위의 역사

가장 오래된 유물은 BC 1000년경 그리스에서 만들어진 철제 가위이다.

원지점식의 쥐는 가위와 같은 모양으로 양털을 깎는 데 주로 사용되었다. 로마시대 BC 27년경의 철제 가위는 중간지점식으로 서양 가위의 전형적인 모양이다. 중국의 가위는 뤄양[洛陽] 부근의 전한시대(前漢時代)의 무덤에서 출토된 것이 최초의 것이다.

그리스 가위와 모양이 같은 것은 쓰촨성[四川省]의 6조시대(3세기 초~6세기 말) 전반의 무덤에서 출토된 예가 하나 알려져 있을 뿐이다.

당대(唐代 618~907)에 들어서면서 중간지점식의 가위가 등장했다.

한국의 가위는 분황사(芬皇寺) 석탑에서 나온 신라시대의 원시형 가위가 최초의 것이다. 형태는 ∝형으로 손잡이는 없고 날을 엇갈리게 하기 위해 밑부분을 가늘게 둥글렸다. 이것은 양날 부분에 옷감을 넣고 가위의 등을 누르는 방법을 사용했다고 짐작된다. 고려시대의 유물은 철제와 동제(銅製) 등을 많이 볼 수 있는데 신라의 것과 같은 ∝형과 현재의 ×형과 같은 가위로 손잡이가 매우 다양하다. ∝형의 하나인 동제 가위는 길이 12.7㎝의 작은 것인데 날 부분이 약간 긴 세모꼴이고 그 위에 누금세공(鏤金細工)과 같은 기법으로 당초문이 새겨져 있으며 손잡이는 없다. 다른 하나는 길이 29㎝의 철제 가위로 날 부분이 긴 네모꼴이다. ×형은 같은 모양의 고리형 손잡이가 달린 2개의 날을 서로 마주보게 엇갈려 놓고 교차점에 나사를 끼워 만들었다. 날은 뾰족하고 긴 세모꼴 또는 끝이 둥근 모양이고 날과 등의 중앙에 능선이 있는 것도 있다. 손잡이는 고리형으로 그 크기는 다양하며 길이는 대개 19~24㎝이다.

조선시대의 가위는 고려의 것과 비슷한 ×형이 대부분인데 손잡이가 좌우로 넓어진 것이 특징이며 모양도 다양하다. 재료는 무쇠가 대부분이고 철과 백동(白銅)을 사용한 것도 있다. 조선 말기에는 사용법이나 형태가 오늘날의 가위와 유사한 것이 등장했다.

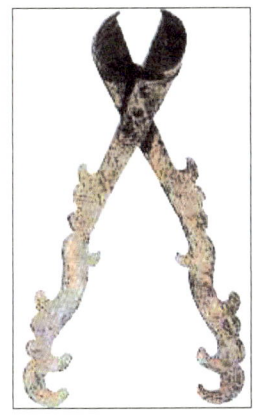

신라시대 금동가위

고려시대 가위

가위의 종류

가정용에는 재봉가위 · 화장가위 · 미용가위 · 눈썹가위 · 자수가위 · 공작가위 등이 있고 원예용에는 원예가위 · 전정가위 · 식목가위, 재단용에는 재단가위 · 핑킹가위 · 버튼홀가위 등이 있다.

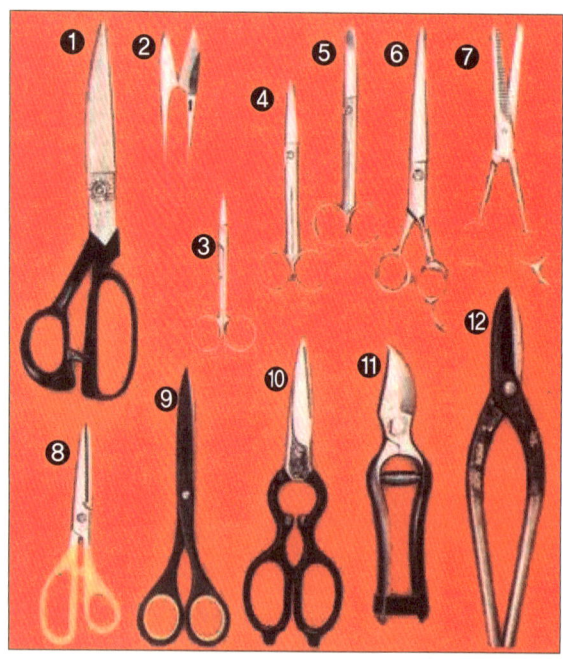

① 재단용 가위

② 손자수용 가위

③ 자수용 가위

④⑤ 외과용 가위

⑥⑦ 이발용 가위

⑧ 어린이공작용가위

⑨ 사무용 가위

⑩ 조리용 가위

⑪ 전정 가위

⑫ 금속판 절단 가위

가위에 대한 일반상식

1. 좋은 날은 반드시 녹이 슨다. 스테인레스이기 때문에 녹이 슬지 않는다고 생각해서는 절대 안 된다. 고급가위에서 사용되는 재질은 스테인레스라기보다 스테인레스 합금강 이다. 이는 가위의 내마모성, 내구성, 내식성 등을 살리기 위해 스테인레스에 카본(C), 니켈(Ni), 크롬(Cr), 코발트(Co) 등을 첨가한 강재이다.

2. 가위는 살아서 움직인다. 철은 섭씨 28℃에서 잘 움직인다. 굵고 긴 철로도 여름에 길 어지고 짧아지는 것을 알 수 있듯이 얇은 가위는 더욱더 상온에 민감하므로 조심해야 한다.

3. 가위도 일종의 기계다. 하루 수천 회의 개폐를 하므로 정(靜)날과 동(動)날의 마찰부분 (나사, 날선, 기어)에 기름을 쳐서 녹을 방지하기도 한다.

4. 가위는 사용 후 꼭 닦는 습관을 가진다. 알칼리, 염분, 소독액은 녹을 슬게 한다.

5. 보관은 온도가 높지 않고 습기가 적은 건조한 곳이 좋다.

좋은 가위의 선정방법 및 보관법

좋은 가위에 대한 기준은 모호하다. 디자이너에 따라 사용습관과 디자인의 선호도가 다르기 때문에 꼭 어떤 제품이 좋고, 어떤 제품이 좋지 않다고 단정하기는 어렵다. 하지만 많은 디자이너들이 우선하는 가위는 본인의 체형에 맞는 것, 즉 디자인이나 손에 잘 맞고, 무게 등 전체적인 밸런스를 보고 선택해야 한다고 말한다. 본인의 체형에 맞아야만 팔에 무리가 가지 않고 쉽게 피로를 느끼지 않는다.

▶가위를 처음 사용해봤을 때

♧ 너무 팍팍하거나 손에 무리가 가는 것은 피한다.

♧ 중심점이 맞아 가위의 앞쪽이 무거운 느낌이 없어야 한다.

♧ 가위를 잡았을 때 손에 쏙 들어오는 느낌, 친숙한 느낌의 가위를 선택한다.

♧ 자르는 느낌이 부드러워야 한다.

♧ 날 안쪽 면의 가공 자국이 고른 것이어야 한다.

♧ 엄지손가락 링(thumb hole)이 손가락 홀보다 약간 큰 것이 좋다.

♧ 날은 갈아서 부드럽게 한다.

♧ 강도 측정단위(R.H.C)가 최소 57도 이상이어야 한다.

♧ 안쪽 날의 마찰력이 느껴지지 않는 제품이어야 한다.

마지막으로 아무리 제품이 본인의 체형에 잘 맞고 좋더라도 A/S나 제조회사가 공신력이 없는 곳이라면 일단 한번 의심해보고 품질보증서와 보증기간 등 전체적인 서비스 체계가 잘 갖춰진 회사의 제품을 선택하는 것이 중요하다. 또한 가위를 제조한 나라, 즉 원산지 표기가 어떤 나라로 되어 있는지를 정확히 살펴야 한다.

특히 주의할 것은 시중에 유통되고 있는 가위 중에서 제품의 브랜드가 언뜻 일본식 이름이고 'JAPAN'이라고 찍혀 있어서 일본제품으로 오인할 수 있으나 가위의 재료인 스테인레스가 '일본제'라는 것일 뿐 그 가위를 일본에서 제작한 것이 아닌 제품도 있다는 것을 유념해야 한다.

한편 가위는 좋은 가위를 사는 것도 중요하지만 올바르게 사용하는 것 또한 중요하다.

▶가위를 사용할 때는

♧ 커트 전에 모발에 물을 충분히 적셔 가지런히 정리하고 빗질로 모발에 끼어 있는 먼지나 잡티, 금속성분 등 미세한 입자를 조금이라도 줄여주어야 한다.
♧ 인모 이외에는 커트를 금한다. 특히 종이나 나일론, 비닐 등에 사용해서는 안 되며, 인모로 표시된 가발이더라도 코팅 가공해 표면이 단단해져 있을 수 있으므로 주의한다.
♧ 고무나 클립, 핀 등을 머리에 꽂고 사용해서는 안 되며 이를 주의한다.
♧ 가위의 날은 면도칼처럼 예리하므로 날에 손이 베이지 않도록 주의한다.
♧ 자를 때 올바른 습관으로 가위의 마모를 줄여서 피로감을 줄인다.

사용 후에는 항상 날을 닦아서 날에 미세한 기스가 생기는 것을 방지한다. 또한 사용 후 약이 묻어 있을 경우가 있으므로 매번 깨끗이 닦고 나사부분이나 촉점(觸點), 천신(賤身) 등 각 부위에 기름을 충분히 발라준다.

가위의 사용방법

1. 사용하기 전에 반드시 날 부분을 세무가죽으로 닦아서 이물질을 제거하고 날 선을 정리한다. 우리 눈에는 보이지 않지만 가위는 살아 있기 때문에 버어(바리, 이바리)가 안·밖으로 제멋대로 되어 있다. 바로 강한 머리를 많이 커트하면 날은 손상의 위험이 크다.

2. 커트의 스피드를 빨리 하기 위해 엄지손가락을 엄지손가락 구멍에 깊숙이 넣으면 넣을수록 개폐가 느려지고 손가락에 무리한 힘이 가해지게 된다. 또한 어깨의 직업병의 원인이 된다. 이는 가위 손상의 주범이 되기도 한다.

가위 선택시 주의사항

1. 눈으로 본다

- 가위 끝이 넓지도 않고 좁지도 않은 것으로, 머리카락 사이에 들어가기 쉽고 두피에 상처를 주지 않을 정도가 좋으므로 끝처리를 본다.
- 날 선이 반대쪽 등보다 튀어나오지 않아야 한다. 이는 손에 상처를 준다.
- 가위 전체가 약간 검은 광이 날 것. 카본(C)이 많이 함유될수록 검은 광이 나며, 커트력이 우월하고 날이 오래 간다(단점으로는 녹이 슬기도 한다).

2. 손에 잡아본다

- 무게, 길이 등이 손에 맞을 것
- 손가락 구멍의 크기, 감촉이 디자이너와 맞을 것

3. 소리를 들어본다

– 개폐 때 날과 날이 만나는 소리가 심한지 살펴본다. 소리가 심하면 커트감이 강하다.

4. 맛을 본다

– 가는 실 또는 실크, 면 등을 잘라본다. 바람을 자르는 듯한 샤프감이 느껴지는가? 종이
나 화장지 등을 잘라보면 안 된다. 펄프 종류는 가위의 날의 무디게 한다.

5. 숱가위의 선택방법

– 숱가위는 헤어디자인을 결정하는 중요한 도구다. 종래와 같이 몇 발이냐에 따라 숱가
위를 고르는 것은 시대에 뒤떨어진 것이다. 몇 발이 중요한 것이 아니라(발의 넓이, 간
격, 홈의 넓이, 깊이에 따라 커트 량이 다르다) 어느 정도 커트가 되느냐의 커트 량이
중요하다. 이제는 몇 퍼센트 커트되는가에 따라 숱가위를 고르는 시대인 것이다. 대략
10%, 25~35%, 50~60% 커트되는 최소한 3개 이상은 필요하다.

6. 외제 가위(일본가위)라고 무조건 선호하지 않는다

– 국내에서 유통되고 있는 대부분의 가위는 국내에서 제작되어 made in japan이라고
각인한 것이거나 그렇지 않으면 국내에서 제작되어 수출된 후 역수입되는 것이 대부분
이다.

7. 기타

– 가위는 고가의 도구이므로 선택 시 여러 가지 주의를 요한다. 위에서 열거한 제품의 선
택 이외에도 가격을 따져볼 필요가 있다. 특히 일정한 정찰가격이 아닌 구매자에 따라
몇십만 원의 차이가 있으므로 주의해서 구입한다.

가위의 수명

가위는 적어도 6개월에 한번은 정기적인 수리가 필요하다. 평생 수리하지 않아도 된다거나 가위질을 하면 저절로 날이 다시 세워진다고 하는 것은 거짓말이다. 칼이든 가위든 날 종류는 쓰면 쓸수록 무디어지는 것은 당연하다.

제조자 입장에서는 가위를 만드는 것보다 수리하는 것이 더 어렵다. 따라서 힘들게 세운 날의 각도, 밸런스 등을 함부로 칼 갈듯이 그라인더로 갈아서 수리하는 것은 금물이다. 비싸게 구입한 가위가 싸구려 가위가 되어버리기 때문이다. 될 수 있으면 그 가위의 제조회사에 A/S를 요청하든가 전문가에게 의뢰해야만 한다(제조회사마다 날의 각도, 밸런스 등이 전부 다르다). 스타일을 연출하고자 할 때 어떤 가위를 사용하느냐는 헤어디자인 전체에 많은 영향을 미치기 때문이다. 따라서 디자이너에게 있어서 가위는 디자이너로서의 가치를 보다 높일 수 있는 수단인 것이다.

이러한 추세를 반영하듯 최근 들어서는 디자이너들이 본인의 로고가 새겨진 브랜드를 손수 주문 제작해 사용하거나 이를 하나의 상품으로 만들어 시장에 발표하기도 하고 있다. 세계적으로 유명한 헤어디자이너를 비롯해서 국내에서도 몇몇 디자이너들을 중심으로 본인의 로고나 이니셜이 새겨진 가위를 출시하는가 하면 이와 더불어 각 디자이너의 특색에 맞는 커트기법 등도 함께 발표하고 있어 이러한 추세는 더욱 확대될 전망이다. 따라서 디자이너=브랜드 시대의 도래는 머지않은 미래가 될 것이라는 것이 업계관계자의 설명이다.

커트 시술 후 가위 관리

1. 커트 후 머리카락을 휴지나 천으로 닦아둔다(위생상, 미관상).
2. 하루 업무가 끝난 후 나사를 약간 풀어준 후 가위 쪽에(맞물리는 축에 손잡이 쪽으로) 오일을 충분히 떨어뜨려 가위를 맞물려 닫고, 반대로 뒤집어서 가위가 움직이지 않도록 양쪽을 잡고 세게 세 번 정도 털어낸다.
3. 원위치시켜 다시 세 번 정도 털어낸다.
4. 가위를 벌려 나사 부분의 이물질을 닦아낸다.
5. 나사를 다시 조절한다.
6. 정리대나 살균 소독기에 겹치지 않게 가지런히 놓는다. 가위는 어쨌든 쇠 종류이고 습기와는 상극이기 때문이다.

▶ 처음 구입한 품질 상태를 유지하고 싶다면 도구를 소중히 관리하는 것이 첫번째 지름길이다. 또한 A/S는 되도록 가위 전문 수리 업체에 의뢰하는 것이 바람직하다.

미용가위의 원리와 구조

미용가위는 동날과 정날의 두 개의 날로 가공물을 물고 절단능력을 이용해서 자르는 도구이다. 즉 두 개의 날이 하나의 나사로 연결되어 나사를 기점으로 해서 개폐하는 구조다(지렛대의 원리). 정날의 자루를 엄지 이외의 4개의 손가락으로 움직이지 않게 잡고 동날을 엄지손가락으로 움직여 이어 닫을 때 가공물이 절단되는 구조다. 가위의 원리는 굳이 설명하지 않더라도 2개의 날이 서로 교차하면서 모발이 절삭되는 원리이다.

그러나 미용가위는 미세한 머리카락을 헤어디자이너가 원하는 정확한 커트라인을 커팅해주어야 고객이 원하고 디자이너가 원하는 작품이 탄생되기 때문에 아무 가위나 무턱대고 사용해서는 안 된다. 즉 연필을 부엌칼로 깎았을 때와 연필 전용 칼로 깎았을 때와의 차이는 현저히 다르기 때문이다. 설령 연필 전용 칼로 깎았다 해도 칼날이 무디어진 상태라면 이 또한 잘려지는 모양이나 매끄러움 정도가 다르기 때문에 각각의 용도에 맞는 것을 선택하는 것은 매우 중요한 일이다. 이렇듯 가위는 기술 못지 않게 중요하다. 나쁜 가위로 시술하면 절삭 부위가 단면이 아닌 어슷하게 절단되어 모발 끝이 말리기 때문이다.

가위의 분류

1. 일반적인 분류

- 커트용 가위 : 두발을 자르고 지간을 잡고 싱글링을 하는 데 쓰인다.
- 숱가위 : 모발의 양을 감소시키는 데 사용한다. 예전에는 30, 35, 40, 45목 정도의 가위를 사용했는데 요즘에는 발 수의 양으로 바뀌었다. 제일 많이 쓰이는 것은 26발, 27발, 28발 정도이고 절삭량은 15%~25% 정도를 주로 사용한다.
- 리버스 가위 : 레자의 날을 끼워 사용한다.

2. 생산방식에 의한 대분류

- 주물 가위 : 모양의 틀을 쇳물을 부어서 만든 가위
- 단조 가위 : 대장간 방식으로 쇠를 달구어 망치로 두들겨 만든 가위
- 포징 가위 : 쇠를 젤 상태로 만들어 가위 모양의 틀을 이용해 만든 가위
- 연마 가위 : 철판을 연마해 만든 가위

3. 생산방식에 의한 제조 분류

- 착강 가위 : 협신부와 날의 부분이 서로 다른 재료로 되어 있으며 양쪽의 강철을 연결

시켜 용접해서 만든 가위

- 전강 가위 : 전체를 특수강으로 만든 가위

4. 소지걸이의 유무에 의한 분류

- 고정형 : 손잡이와 소지걸이가 일체형으로 고정되어 있음.
- 탈착형 : 손잡이와 소지걸이를 분리할 수 있음.

가위의 기본 원리

가위는 헤어 커팅에 제일 중요한 도구이다. 윗날과 아랫날이 교차되면서 모발을 절삭하는데 물리학자였던 아르키메데스(BC 287~212)의 지렛대 원리를 바탕에 두고 있다.

가위의 종류는 크게 세 가지로 나눌 수 있다.

＊원지점식 : 자수용 가위 등

＊중지점식 : 의료가위, 이 · 미용가위, 재단가위 등

＊선지점식 : 눌러서 자르는 가위, 과일따기 가위 등

가위의 길이

예전에는 헤어가 이 · 미용으로 구분되어 있었지만 요즈음에는 스타일 등이 남녀의 구별이 없는 유니섹스 시대이기 때문에 헤어의 스타일이 변하면서 가위도 디자이너 취향에 맞게 변화되고 있다.

일반적으로 가위에는 4.5"에서 7.5"의 가위를 선호하는데 이용에서는 7.0"에서 7.5"의 가위를 선호하고, 미용에서는 5.0"에서 6.5" 사이의 가위를 선호한다. 간단하게 그 이유를 들면, 이용은 남자들이 시술을 하기 때문에 가위의 날이 길어야 잡기가 쉬운 반면에 미용은 여자들이 하는 작업이어서 아무래도 7.0"급의 가위는 손이 작은 여성들에게는 조금 무리이다. 하지만 길이가 짧은 가위는 섬세한 시술을 할 수 있고, 길이가 긴 가위는 힘 있고 빠른 시술을 할 수 있는 장점들이 있다.

이 · 미용 가위의 종류

- 기본형 가위 : 일반적인 가위를 말하며 등이 조개모양처럼 생긴 가위로 일명 하마구리 가위로 불린다.
- 검형 가위 : 가위의 날이 둥그스름하게 생긴 가위이다.
- 장 가위 : 기본형과 같은 모양이지만 가위의 길이가 평균보다 다소 길다.
- 미니 가위 : 일반적으로 5.0" 이하의 길이이며 섬세한 작업에 유리하다.
- 스트레이트 가위 : 동날과 정날이 같으며 강한 힘을 줄 수 있고, 커팅력이 우세하다.
- 세미옵셋, 옵셋 가위 : 정날의 손잡이가 길어서 테크닉을 쓸 수 있다.
- 세날 가위 : 가위 세 개를 하나로 붙여 놓은 것으로 빠른 포인트 커트에 좋다.
- 커브 가위 : 가위의 날이 휘어 있어 슬라이드 커트에 좋다 .
- 겸인날 가위 : 가위의 날이 C자 형으로 되어 있어서 곡선미를 낼 때 좋다.
- 유인날 가위 : 가위날이 살짝 튀어나온 가위로 일명 스트록 가위로 불린다.
- 세인날 가위 : 유인날에 비해 배가 많이 나와서 많은 모발을 밀어 자를 수 있으며 스트록 커트를 할 때 많이 사용한다.
- 크로스 가위 : 가위 두 개를 손잡이를 합쳐서 반대 방향으로 만들어 놓은 가위다. 좌우의 테크닉을 자유스럽게 연출할 수 있다.

– 열 가위 : 가위날에 100도에서 150도의 온도를 가열하여 가위로 커트할 때의 모 손상
  을 방지할 수 있다.

숱(틴닝)가위란?

숱가위는 '얇은, 가느다란' 이란 뜻을 가진 커트 기구로 모발의 질감 처리와 모류의 교정, 숱의 조절을 담당하고 있다.

막대 모양의 동날과 빗살 모양의 정날로 모발을 감소시키는 도구이며 빗살 모양의 정날은 바로 있는 반면에 동날이 내려오면서 모류를 교정하며 숱의 양을 조절한다. 정날 사이의 간격과 홈의 넓이 그리고 날 끝 홈의 모양으로 절삭되는 양이 달라지게 된다. 숱가위의 날은 두 가지의 명칭을 가지고 있는데 막대모양의 날을 봉인날이라고 하기도 하고 빗살모양의 톱니를 가지고 있는 날을 즐인날이라고 부르기도 한다.

모발이 커트되는 순간에 정날의 모양에 따라 절삭량이 정해지며 예전에는 30, 35, 40, 45, 50목으로 정해졌었는데 이는 절삭량을 의미하는 것이다. 35목은 35%, 40목은 40%와 같이……. 하지만 요즘의 숱가위는 발수에 많은 영향을 미친다. 29목 27목같이 10%, 15% 모발의 양이 감소함에 따라서 절삭량도 줄어들게 되어 모발을 생각하는 기구가 되었다.

숱의 종류에는 앞서도 얘기했듯이 30, 35, 40, 45, 50목의 얇은 V홈 숱 종류와 23발, 25발, 26발, 27발과 같이 발 수로 정하는 것이 있고 역인 숱가위, 수평홈 숱가위, 무홈 숱가위, 2중 숱가위, 3중 숱가위 등 여러 가지가 있다. 시술자 자신의 손과 시술력과 맞는 숱가위를 정하는 것도 바른 시술의 한 방법이다. 종류에 따른 분류는 다음 장에서 살펴보자.

숱가위의 분류

*목에 의한 분류

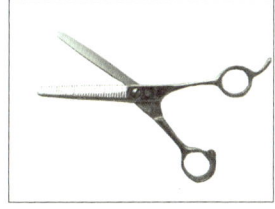

얼마 전까지는 숱가위의 종류가 단순했다. 당시만 해도 모발이 풍성하고 짙어서 숱 처리가 주목적이었기 때문에 숱가위의 종류도 단순했다. 종류로는 30, 35, 40목이 있는데 이는 절삭량을 의미했다. 30목은 30%의 절삭량을, 35목은 35%의 절삭량을 의미했다.

*발에 의한 분류

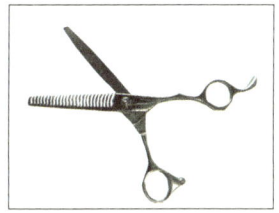

하지만 지금은 사진처럼 발에 의한 분류로 갈린다. 요즘은 환경이나 오염, 스트레스 등으로 모발의 양이 현저하게 줄어들었기 때문에 26발, 27발, 29발처럼 절삭량은 줄어들고 큐티클의 손상이 거의 없도록 숱가위도 현대 사회의 상황에 맞게 바뀌었다.

*홈에 의한 분류

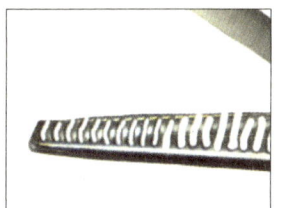

숱가위의 분류 중에는 홈에 의한 분류도 있다. 발과 발 사이의 홈의 넓이에 따른 것인데 홈이 넓으면 모발이 많이 들어가기 때문에 절삭력이 줄어든다. 하지만 날이 넓으면 절삭력이 높아지기도 한다.

*날에 의한 분류

숱가위 날에는 V자 홈과 무홈과 2중 홈과 3중 홈의 숱가위가 있다. V홈은 날의 중간에 V자의 홈이 있어 이곳이 모발을 자르는 역할을 해 절삭력이 많아진다. 무홈(↗)은 곡선을 그리면서 내려오는데 모발이 곡선에 밀리기 때문에 절삭력이 낮다. 2중 홈(↗)은 홈이 하나 있는 것이다. 절삭력은 25% 정도 된다. 3중 홈(↗)은 2개의 홈이 있는데 절삭력은 35% 정도이다.

빗의 정의

빗은 머리카락을 가지런히 빗거나 때나 먼지, 비듬 등을 제거하는, 우리의 일상생활에 밀접한 관계를 맺고 있는 도구이다.

특히 우리의 조상들은 단정한 차림을 중시하여 아침 첫 일과로 빗질로 모발을 청결히 하는 것을 건강을 유지하는 수단이라 하여 하루 50~100여 회에 걸쳐 빗질을 했다. 이처럼 빗은 이·미용과 더불어 건강적인 측면까지 쓰임새가 많았던 도구이다.

하지만 커트에서의 빗은 머리카락을 자르는 작업을 수행할 때 머리카락의 양을 조절하는 도구이다. 클리퍼로 머리카락을 자르는 시술을 할 때나 가위로 머리카락을 시술할 때에도 빗은 머리카락의 구획을 정하고 드러내는 중요한 역할을 한다.

이용빗 2~7호

옆 사진에서 보듯이 이용에서 쓰이는 커트 빗은 손으로 잡을 수 있는 손잡이가 있어서 커트 시술 작업에 용이하게 되어 있다. 빗의 종류로는 밑머리의 작업이 용이한 1호, 2호부터 시작해서 15호, 18호까지 있는데 대체로 기장 커트나 숱을 처리할 때는 10호나 12호 정도 크기의 빗이 좋고, 클리퍼나 싱글링을 할 때는 2호나 5호 정도의 얇은 빗이 주로 사용된다.

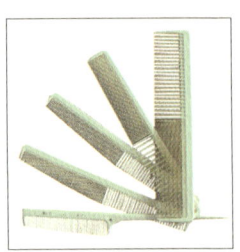

미용빗

미용에서의 빗은 파마전용 꼬리 빗을 빼고는 빗의 모양이 거의 비슷하고 몸통이 두껍다.

가위의 정의

가위는 머리카락을 자르고 정리하는 도구이다. 일반적인 구분으로는 미용 가위, 커팅 가위, 숱가위로 나뉜다.

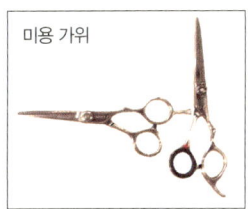

일명 미니 가위라고도 불리는 미용 가위는 손안에 들어오기 때문에 손이 작은 여성들에게 어울리며 섬세한 모양의 시술이 용이하다. 길이는 4.0"~6.5" 정도가 대부분이다.

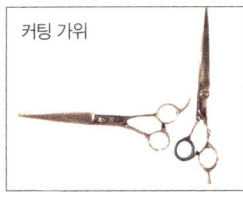

커팅 가위는 이용 가위라고도 불린다. 이용사들이 주로 사용하는 것으로 남자들이 손이 크기 때문에 미용 가위는 꺼리는 편이지만 절삭력이 상당하고 힘 있는 시술을 할 때 좋으므로 이 가위를 사용한다. 길이는 6.5" 이상이 대부분이다.

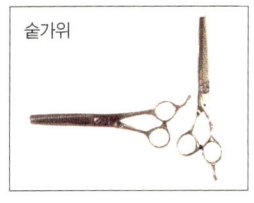

숱가위는 숱을 정리하는 개념인데 앞에서 이야기했듯이 목에 의한 분류, 날의 의한 분류, 홈에 의한 분류로 나뉜다.

클리퍼(바리깡)의 정의

클리퍼는 전기의 의한 조발 기구로서 자르는 기능밖에 없다.

클리퍼는 시술 시간의 절약에 없어서는 안 되는 도구인데, 종류로는 긴 머리를 시술하는 프로 클리퍼와 장미 클리퍼가 있으며 잔털을 정리하는 토끼 클리퍼가 있다. 프로 클리퍼의 경우는 여러 회사들이 만들어내고 있지만 원래의 프로 클리퍼의 절삭력을 못 따라가고 있다. 그러므로 클리퍼를 구입할 때는 신중히 구매해야 한다.

초기의 양손 클리퍼

한 사람이 양손으로 손잡이를 잡고 다른 한 사람이 날 부분을 눌러주어 양손으로 날을 교차시켜 머리카락을 자르는 기계이다.

한손 클리퍼

윗날과 아랫날을 교차시키는 것은 같지만 양손을 사용하지 않고 한손으로만 가위날을 움직이는 기계이다.

현재의 전동 클리퍼

시대가 변하고 기술이 발전하면서 사용하게 된 모터에 의한 조발기구이다. 배터리를 이용하고 충전도 용이하여 현재 제일 많이 사용되고 있다.

기타 도구

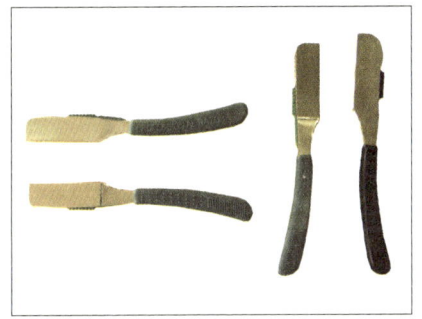

＊ 면도용 일도기

안면의 수염 정리와 뒷머리 밑 부분의 잔털 정리를 하는 기구이다.

＊ 레자

모발의 질감 처리를 주로 하는 기구로, 종류는 여러 가지가 있지만 거의 사진의 형태를 가지고 있다.

모발(Hair)

모발은 체모와 두발의 총칭이다. 머리에 난 털을 두발(頭髮), 남자의 입가·턱·뺨에 난 털을 수염(鬚髥) 그리고 눈썹[眉毛], 속눈썹[睫毛], 코털[鼻毛], 겨드랑이털[液毛], 음모(陰毛), 체모(體毛) 등으로 구분한다.

또 성선(性腺)의 영향을 받는 털은 성모(性毛)라 하며, 겨드랑이털·음모·수염이 이에 해당한다. 거의 전신에 분포하나 입술·손바닥·발바닥, 손가락과 발가락 안쪽, 귀두(龜頭)·포피(包皮) 안쪽에 있으며 음핵(陰核)에는 없다.

그 수는 전신에 약 500만 본, 두부에 약 10만 본이다. 털은 중심으로부터 모수질(毛髓質)·모피질(毛皮質)·모소피(毛小皮)의 3층으로 이루어지며, 모수(毛髓)의 유무, 멜라닌 색소의 유무에 따라 취모·연모(軟毛)·경모(硬毛)로, 경모는 다시 장모(長毛)와 단모(短毛)로 나뉜다.

취모는 태생기(胎生期)의 털로 생후 얼마 안 되어 없어진다. 연모는 멜라닌 색소는 있으나 모수가 없고, 피부의 넓은 부분에 분포한다. 경모는 멜라닌 색소와 모수가 다 있고, 머리·겨드랑이·외음부 등 한정된 부분에 분포하며 장모는 두발 등 길게 자라는 털을, 단모는 눈썹·속눈썹 등의 짧은 상태로 거의 자라지 않는 털을 가리킨다.

성상(性狀)에 따라 직모(直毛)·파상모(波狀毛)·축모(縮毛)로, 색조로는 흑모(黑毛)·갈색모(褐色毛)·금발(金髮)·적모(赤毛)·백모(伯母) 등으로 구별한다. 두발의 성장 속도는 하루에 0.3~0.4㎜인데, 연령·성별·부위·계절·주야에 따라 차이가 있다.

[모발의 수명]

사람의 모발은 메리노종(種)의 양과 같이 일생 똑같은 털이 성장을 계속하는 것이 아니라, 일정한 기간을 경과하면 자연히 빠져버리고(두발은 하루에 약 70~80본 자연탈모가 됨) 얼마 지나면 새 털이 난다.

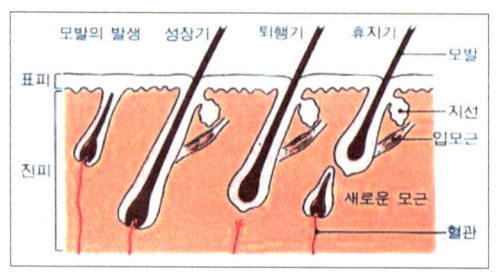

이것을 털의 수명 또는 모주기(毛周期)라고 하며, 성장기·퇴행기·휴지기로 이루어진다. 기간은 신체의 부위나 연령에 따라 다르나, 성장기가 긴 것일수록 털이 길게 성장한다. 두발은 85%가 성장기에 있고, 5~7년간 계속하는 것이 보통이지만, 그 중에는 25년에 이르는 것도 있어서 2m를 넘는 사람도 있다. 퇴행기의 털은 2%로 2~3주간이 지나면 휴지기로 들어가 탈락한다. 사람은 각각의 털조직이 독립적인 모주기를 영위하고 있으므로(모자이크 패턴), 쥐나 토끼 등 일제적 주기(一齊的 周期)를 갖고 있는 동물처럼 털갈이 현상은 없다.

[모발의 조성]

모발은 경(硬)케라틴이라 불리는 황(黃)을 포함하는 섬유성(纖維性) 단백질을 주성분으로 하는데, 이것은 폴리펩티드 사슬이 장축(長軸)방향으로 나란히 서서 곁사슬에 의하여 서로 결합한 것이다.

장축방향으로 매우 강인해, 모발 한 가닥으로 약 100g의 물건을 달아맬 수 있다. 곁사슬은 잘리기 쉬운데, 모발이 세로로 갈라지기 쉬운 것은 이 까닭으로 손질을 잘못하면 지모(枝毛)가 생기기 쉽다.

또 수분을 잘 흡수하고(건조 중량의 35%), 장축방향으로 1~4%, 횡축방향으로 14% 늘어난다. 수분을 머금은 털은 탄력성도 증가하여 건조모(乾燥毛)의 1.5~1.75배의 길이로 늘어나며, 늘였다 놓으면 건조모보다 빨리 원상태로 돌아간다.

[모발검사]

모발검사는 법의학적 가치가 높아 중요한 정보를 얻을 수 있으므로 범죄수사·개인식별 등에 널리 활용되고 있다. 우선 모소피나 수질(髓質)의 특징 등에서 종속감별(種屬鑑別 : 人獸毛·植物纖維 등)이 행해진다. 모소피의 검사에는 숨프(Sump)법이 유효하다.

사람의 털이면 형상, 선단이나 단면의 성상, 부착물 등으로부터 발생부위를 모근의 성상으로부터의 탈락모인가 발거모(拔去毛)인가를 판별하고 발거모라면 모낭(毛囊)의 성염색질(性染色質)이나 Y염색체의 검색에 의하여 성별을 판정한다. 또한 모발의 손상, 파마나 염모제(染毛劑) 처리의 유무, 병적 이상모(異常毛) 등의 판정도 중요하다.

수질의 유무 등에서는 대충 연령층의 추정도 가능하다. 그리고 개인 식별에 중요한 혈액형(ABO식)도 단 한 가닥의 모발로 판별할 수 있다. 모발은 잘 부패하지 않는 조직이기 때문에 부란시체(腐爛屍體) 등의 혈액형 판정에 유효하다.

[인종과 모발]

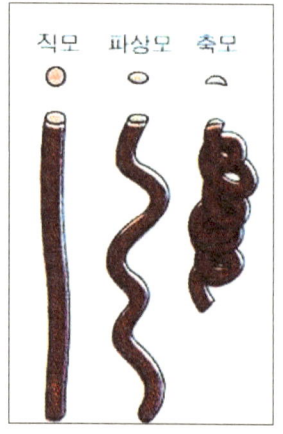

몽골인종(황색인종)의 모발은 굵고 지름이 100um을 넘지만 카프카스인종의 모발은 그보다 가늘며 니그로인종의 모발도 가늘다. 굵은 털은 딱딱한 두발 전체가 뻣뻣해보이지만 가는 털은 다보록하고 탄력성이 있다. 그러나 가는 털은 빠지기 쉽기 때문에 카프카스인종의 남성은 대머리가 되기 쉽다.

몽골인종의 두발은 잘 빠지지 않으며, 특히 아메리카 인디언의 남성 중에서 대머리는 볼 수 없다. 여성에 비해서 남성의 두발은 빠지기 쉽다.

몽골인종의 여성 중에는 신장(身長) 이상으로 두발을 기를 수 있는 사람이 있다. 두발에는 구부러지는 것이 있는데, 거의 구부러지지 않는 것을 직모(直毛), 평면적으로 구부러지는 것을 파상모(波狀毛), 입체적으로 구부러지는 것을 축모(縮毛)라 한다. 구부러지는 모발의 대부분은 다른 털과 복잡하게 엉키지만, 그 중에는 한 가닥 한 가닥이 말려 있는 것도 있는데 이를 나모(螺毛)라 한다. 나모는 피그미족에게서 많이 볼 수 있다. 일반적으로 니그로인종은 축모, 카프카스인종은 파상모, 몽골인종은 직모인 경향이 강하다. 직모의 횡단면은 원형인데 구부러진 털은 타원형이다.

모발의 빛깔에는 두 계열이 있다. 하나는 멜라닌 색소의 다소로 인한 것으로 이것이 많으면 흑색을 띠고, 적으면 순차적으로 농갈색으로부터 담갈색이 된다. 멜라닌 색소가 부족한 예는 카프카스인종에 현저하며 그것은 피부나 홍채(虹彩)의 색과 어느 정도 관계가 있다.

니그로인종이나 몽골인종의 두발은 짙다. 오스트랄로이드의 아이들은 금발인 경우도 있지만 성장함에 따라 검게 된다. 다른 계열은 적모(赤毛)인데, 이것은 페오멜라닌 또는 트리코지델린이란 색소를 포함하기 때문이며 카프카스인종의 일부에 가끔 보인다.

[모발의 인류학]

모발의 형상이 사람을 판단하는 지표가 되는 등 그 장단(長短)과 형태는 현대의 일상생활에서도 심미적 관심을 모으고 있다. 모발에 대한 관심의 범위는 일상적인 손질 등에서부터 의례 등에 볼 수 있는 행동에까지 미치고 있다. 의례나 주술·신앙 속에서 모발의 상징적 역할은 다른 신체 절제물(切除物)이나 분비물·배설물에 비해 중요하며, 사용빈도도 높은 것이 민족지(民族誌) 등을 통해 알려져 있다. 이것은 절제가 용이하며 잘라도 재생한다고 하는 특징이 신비스럽게 느껴지기 때문이다.

모발은 상징적으로 성성(聖性)이나 터부·성 등의 문제와 깊은 관계가 있다. E.리치에 의하면 한번 절제된 모발은 더럽혀진 것으로서 다른 절제물이나 배설물·분비물과 동등시되는 일도 많지만, 문화적 현상으로 인해 성물시(聖物視)되는 경우도 있다.

예를 들면 인도·스리랑카의 불교사원에 남아 있는 부처의 두발과 치아 등 고대 아테네시의 성문에 부적으로 장식되었다고 하는 고오곤의 뱀머리의 예가 그것이다.

또 아삼지방의 나가족(族)은 창(槍)을 장식하는 모발로 자매의 것만을 썼는데 창에 붙인 모발이 상징하는 것은 공동체 성원(成員)의 살해와 근친상간에 대한 터부이다. 이 외에 통과의례를 논한 것에 모발이 취급되어 있고, 모발형태의 변화가 사회적 지위나 상황의 변화 및 이행을 나타내는 의례에 이용되는 일이 많았다.

또한 남녀나 성인과 미성인과의 구분으로 모발 형태를 달리하는 것도 일반적인 사회경향이라고 할 수 있다. 프레이저는 유발(遺髮) 등의 현상을 부분(머리털)이 전체(머리털의 소유자)를 나타낸다고 하는 감염주술(感染呪術)의 논리로 증명하고자 했다. 정신분석학에서도 생식기와 항문을 터부시하여 생식기와 모발과의 상징적 대체관계(代替關係)를 전제로 하여 조발(調髮)을 리비도의 억제, 일종의 거세로 받아들이는 일이 있다. 이러한 정신분석가의 한 사람으로 버그가 있으며, 모발이라는 상징물을 이용하여 개인 심리를 분석할 뿐 아니라, 억압의 원천이며 초월적 자아로 여겨지는 사회를 〈조발거세설〉에 의하여 해명하고자 시도했다.

심리학의 유효성을 인정하는 리치도 버그의 이러한 해석의 시도에는 강력하게 논박했는데 그는 〈성기모발〉이라고 하는 상징적 대체와 〈장발성의 비구속〉의 일반적 경향을 인정하는 한편 이 경향과 다른 민족지의 사례를 들어, 성기와 모발 대체관계가 암묵적이긴 하나 사회적으로 인정되고 있음을 논술했다.

모발에 관한 현상에는 모발에 대한 감정의 차원, 사회와 문화에 규정되는 개인 체험의 차원, 사회와 문화의 차원이 있다. 리치의 모발론은 사회·문화적인 차원에서 바라보는 특징이 있다. 즉 모발은 그 시대의 사회상과 문화를 나타낸다는 점을 설명하고 있다.

모발의 종류

1. 연모(약하고 부드러운 모발)

상하기 쉬운 모발이다. 수분유지가 중요하고 단백질과 유분을 보충해주며 매일 트리트먼트를 해서 유지한다.

2. 파상모(볼륨감이 있는 모발)

파상모는 볼륨감을 많이 가지고 있기 때문에 숱이 많은 것으로 알고 있지만 볼륨감이 모이는 곳에 머리카락이 모여 있기 때문에 볼륨감을 감소시키면서 머릿결을 정리한다. 트리트먼트를 사용하고 상황에 따라 린스도 해주면 부드러운 모발로 변화를 줄 수 있다. 하지만 린스를 하고 난 후에는 꼭 두피에 잔해물이 남지 않도록 충분히 행궈낸다.

3. 축모(곱슬기가 강한 모발)

라면 가락처럼 곱슬기가 심한 모발이다. 강한 곱슬기를 없애길 원한다면 숱(틴닝) 처리에 신경을 많이 써야 하고 곱슬기가 남아 있길 원한다면 결 정리만 한다.

4. 직모(모발이 직선으로 나 있는 모발)

모발이 일직선으로 뻗어나간 모발로 생 모발, 돼지 모발, 굵은 모발로 불린다 직모는 수분을 충분히 공급해주어야 푸석거림이 감소한다.

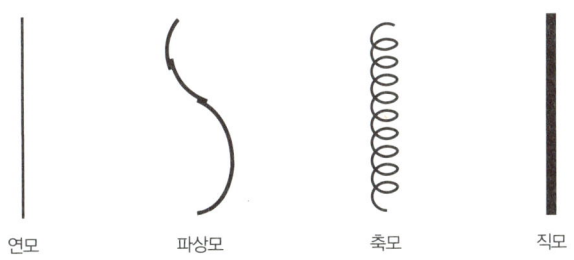

연모   파상모   축모   직모

모발의 손상

모발의 손상 원인은 과도한 파마나 염색 등이 주를 이루었으나 요즘에는 스트레스, 환경오염, 불규칙적인 식습관 등 많은 사회적인 요소들이 주를 이루고 있다.

물리적인 손상으로는 **마찰에 의한 손상. 열에 의한 손상. 커트 불량에 의한 손상** 등으로 나뉜다.

마찰에 의한 손상 : 머리카락과의 마찰에 의한 손상

열에 의한 손상 : 드라이, 라디에이터, 난방기에 의한 손상

커트 불량에 의한 손상 : 가위 날이 손질이 덜 되어 탁하게 되면 커트를 했을 때 머리카락에 손상이 온다.

모발 손상의 회복

　모발에는 자가 재생 능력이 없다. 따라서 정상모는 손상되지 않도록 하고 손상모는 더 이상 손상이 되지 않도록 방지하는 수밖에 없다.

　그런 방지의 수단으로는 트리트먼트 제품이 유일하다고 할 수 있다.

두피의 종류

*정상 두피

　정상 두피는 모발이 두껍고 건강하며 두피가 깨끗한 상태를 말한다. 차이는 있지만 정상 두피는 두피의 색깔이 청백색의 우윳빛을 띠고 표면에 이물질, 즉 피지 분비물이 없는 깨끗한 상태이다. 또한 모공 주변이 깨끗하고 윤곽이 뚜렷하여 열린 상태로 노화 각질이 거의 없다. 또 모공이 정상의 형태를 띠고 있어 영양분이 쉽게 흡수될 수 있으며 일반적으로 한 개의 모공에 서로 다른 모 주기를 가진 2~3개의 모발이 자리를 잡고 있다. 모발의 굵기는 0.15mm 정도인데, 이 같은 정상 두피는 현재의 건강 상태를 유지하기 위해 원활한 영양공급을 꾸준히 해준다.

*지성 두피

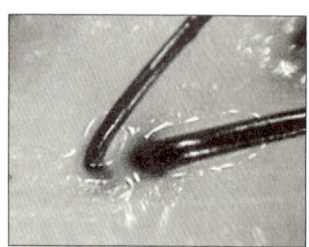

　피지선에서의 피지 분비가 과도하거나 모공 주위에서의 피지 분비가 원활하지 못해 생기는 두피 유형이다. 두피 주위에 얼룩 현상이 있고 황색을 띠며 모공이 과다 피지로 대부분 막혀 있다. 그러므로 세정이 제일 중요하다.

물로 모공을 열어 유분을 제거하고 미온수로 여러 번에 걸쳐 헹궈낸 후 모공이 닫히도록 찬물로 마무리한다.

*건성 두피

　　지성 두피와 반대로 두피의 유·수분 분비가 원활하지 못하며 건조하여 모발 역시 푸석거려 보인다. 두피 색깔이 백색 또는 연붉은 불투명이다.

　　모공 상태의 윤곽선이 불분명하고 대부분 막혀 있으며 수분이 부족해 각질이 생기고 피지 분비량이 적어 건조하고 탄력이 없다. 샴푸 후에는 자연건조가 좋고 드라이를 사용할 경우에는 찬바람에 모발의 수분이 빼앗기지 않도록 물기만 제거하는 정도로 한다.

*비듬성 두피

　　비듬은 두피의 각화현상이나 각질층의 건조에 의해 일어나는데 입자가 작고 가벼운 것이 특징이다.

　　주로 각질층의 수분 부족이나 피지 산화물의 건조에 의해 일어나며 부적절한 드라이나 알카리성이 높은 파마약이나 염모제에 의해서도 일어난다. 비듬성 두피는 지성 비듬 두피와 건성 비듬 두피로 나뉘는데 지성 비듬 두피는 두피 색깔이 불투명하고 황색톤이며 피지와 각질로 모공이 막혀 있다. 또 피지 분비량이 많아 모발 탄력도가 낮고 각질과 염증 악취가 난다. 이에 반해 건성 비듬 두피는 황색톤이며 역시 모공이 막혀 있고 피지 분비량이 적어 모공 주변에 각질의 들뜸 현상이 있다.

　　비듬은 피지가 부족해 생기는 경우이므로 과도한 세정은 피하는 것이 좋다.

＊민감성 두피

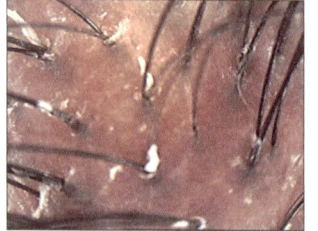

두피 부분의 각질이 필요 이상으로 탈락되거나 스트레스 등으로 인해 예민한 경우를 말하며 모발의 굵기가 가늘고 탄력이 없는 것이 특징이다. 두피의 색깔은 국소적 또는 전반적으로 연하고 붉은 톤이다.

모공 상태와 피지 분비량이 다양하고 세균에 대한 저항력이 약해서 가려움, 염증, 홍반이 심하고 모세혈관이 육안으로 쉽게 확인되기도 한다. 관리는 저자극성 식물성 샴푸를 이용하고 스팀 타월이나 사우나는 피하는 것이 좋다.

＊염증성 두피

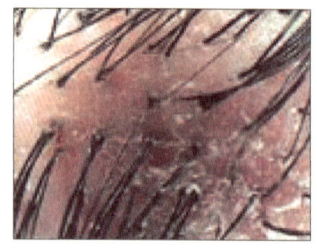

두피 표면에 혈액이 뭉쳐 붉고 미세한 자극에도 통증을 유발한다. 두피 자극시 붉어지거나 심한 경우 세균 감염으로 인한 염증도 동반한다.

모발의 탄력이 낮고 두피에 얼룩이 있으며 두피 색깔은 붉은 두피 톤을 띤다. 가는 모세혈관이 육안으로 확인되며 염증이 확연히 보인다. 강한 세정력이 있는 샴푸는 피하고 민감성 두피 샴푸를 사용해 하루에 한 번만 세정한다.

샴푸

샴푸는 두 가지 목적이 있다. 한 가지는 모발의 때를 씻는 것이고, 또 다른 하나는 두피에 적당한 자극을 주어 모발의 육성을 촉진시키는 것이다. 머리를 샴푸할 때 비누를 쓰는 사람도 있는데 비누에 들어 있는 계면활성제라는 성분은 모발의 때를 벗기는 것이 아니라 공산

품에 묻은 때를 벗겨내는 것이기 때문에 모발에는 쓰지 않는 것이 좋다.

따라서 샴푸의 성분은 모발에 묻은 이물질을 제거하는 데 목적이 있기 때문에 샴푸를 쓰는 것이 옳다. 또한 샴푸를 하기 전에는 빗으로 모발을 충분히 빗어준 후 샴푸를 해야 모발이 빠지는 것을 방지할 수 있다. 빗으로 두피를 긁어주면서 모발을 빗으면 두피의 혈액순환이 원활하게 되어 모발이 빠지는 것을 방지할 수 있다.

린스

린스는 샴푸 후에 사용해서 모발을 보호함과 동시에 탄력있고 부드럽게 하며 촉촉한 모발로 정돈하기 좋게 하는 목적을 가지고 있다.

하지만 린스는 모발에만 써야 하며 두피에 린스가 묻었을 경우에는 린스의 성분이 남지 않도록 충분히 미온수로 헹궈주어야 한다.

충분히 헹궈내지 않고 린스의 성분이 남아 있으면 모공 속에 린스가 들어가 모낭의 숨구멍을 막아버리게 된다. 그렇게 되면 탈모의 현상이 올 수 있으므로 미온수로 충분히 헹구어야만 한다.

트리트먼트

헤어 트리트먼트는 모발에 수분, 유분 등을 보급해 두피나 모발을 튼튼하게 유지하는 역할을 한다. 손상모의 회복을 도우며 두피를 건강하게 하는 작업이다.

탈모 예방과 두피 관리법

사람의 생명과도 같이 모발도 성장과 퇴행을 갖게 되는데 전체 모발의 90%는 성장기에 있고 10%는 휴지기라고 한다. 휴지기가 끝난 모발은 빠지게 되고 새로운 머리카락이 자라나게 된다. 그러나 하루에 모발이 50~100개가 빠지는 현상은 자연스러운 것이지만 100개 이상이 빠지는 현상이 계속된다면 탈모를 의심해봐야 한다.

탈모는 예전에는 유전적인 영향이 있었지만 요즘은 유전의 영향보다는 일에 대한 과도한 스트레스, 환경오염, 불규칙적인 식습관, 인스턴트 음식, 음주, 흡연 등 여러 가지 요소들로 인해서 발생한다. 이때는 검은 콩, 검은 쌀, 두부, 검은 깨 등을 섭취하면 좋다.

두피가 건강하지 못하면 모발을 힘있게 잡아주지 못하기 때문에 모발이 쉽게 빠진다. 스트레스를 받으면 더욱 심각해지는데 혈관이 확장되면서 두피가 빨개지고 땀이 나므로 당연히 두피는 지저분해지게 된다. 이것을 제대로 감아서 없애지 않으면 각질이 남게 된다. 머리에서 냄새가 나고 뾰루지가 생기는 것도 두피를 제대로 관리하지 못했기 때문이다.

샴푸만 잘해도 두피가 영향을 받으며 탄력이 생긴다. 샴푸를 할 때는 두피를 손가락 끝으로 비비고, 주무르고, 눌러서 최소 3분은 감아주어야 두피의 혈액이 원활하게 되어 모발을 힘있게 잡아주게 된다.

샴푸는 아침보다 저녁에 하는 것이 좋은데, 세포는 저녁 10시~2시 사이에 재생되기 때문이다. 단 샴푸 후에 모발은 꼭 말리고 자야 한다. 그렇지 않으면 자는 동안에 두피에서 땀이 나기 때문에 모발이 습해지면서 두피가 약해진다. 그리고 앞서도 밝혔지만 샴푸를 하기 전에 반드시 빗으로 앞에서 뒤쪽으로, 좌에서 우로 빗어주는 것이 좋다.

헤어제품 제대로 알고 쓰기

헤어젤 : 드라이를 하기 전에 사용하면 코팅 효과와 함께 모발에 윤기를 주며 촉촉한 스타일을 만들어준다. 젖은 모발에 골고루 바른 후 머리를 앞으로 숙여 모근 부분을 드라이한다.

헤어무스 : 머리숱이 적거나 가늘고 힘이 없는 머리에 볼륨과 세팅력을 준다. 무스를 잘 흔든 후 적당량을 손바닥에 덜어 모근 부분에서 머리 끝부분 방향으로 발라준다. 바른 후 드라이를 해주면 더 효과적이다.

헤어스프레이 : 스타일의 고정력이 뛰어나다. 머리에 탄력과 윤기를 유지하며 하루 종일 지속되는 효과가 있다. 머리에서 25~30cm 떨어진 부분에서 머리 전체에 골고루 스프레이한다. 스프레이하는 사이사이 드라이를 하고 마지막으로 한 번 더 가볍게 스프레이하면 스타일을 오래 유지할 수 있다.

헤어로션 : 잘 뻗치거나 흐트러지는 모발을 끈적임 없이 정돈시켜준다. 촉촉한 수분효과로 머릿결을 자연스럽게 살려주기도 한다. 머리를 살짝 물에 적신 후 바르면 더 골고루 스며들어 자연스러운 스타일을 살릴 수 있다.

헤어왁스 : 스프레이나 무스, 젤 같은 제품이 스타일을 만들어주는 것이라면, 헤어왁스는 스타일을 부각시키면서 정돈해주는 것이다. 헤어왁스를 양손바닥에 덜어 골고루 비빈 뒤 손가락으로 모근 쪽을, 손바닥으로는 머리 전체를 바른다.

이마의 넓이에 따른 앞머리 스타일

▶ 이마가 좁은 사람 – 과감한 올백 스타일

앞머리를 내리는 것은 오히려 좁은 이마를 더 좁아 보이게 한다.

이런 사람은 시원하게 이마를 드러내는 것이 효과적이다. 남자들이 하는 가장 보편적인 스타일이다.

▶ 이마가 넓은 사람 – 브러싱한 앞머리를 내리는 스타일

이마가 지나치게 넓은 사람은 앞머리를 이용해 단점을 살짝 커버해주는 것이 좋다. 앞머리를 내리거나 브러싱을 해서 한쪽으로 몰아준다. 긴 머리의 경우 앞머리나 옆머리에 약간의 힘을 만들어주는 것도 좋다. 앞머리를 앞으로 내리고 한쪽으로 쏠리게 해서 답답함을 커버한다.

얼굴형에 맞는 헤어스타일

▶ 둥근 얼굴형

윗머리는 볼륨을 살리고 옆머리는 최대한 억제해 산뜻하게 연출하는 것이 둥근 얼굴을 커버하는 기본 룰이다.

헤어스타일 – 페이스 라인으로 내린 앞머리로 단점을 커버한다.

얼굴이 동그란 스타일은 어느 정도 옆머리가 있는 것이 좋다. 또 앞머리를 이용해 가르마를 나눠 페이스 라인을 따라 내리면 얼굴이 길어 보인다. 앞머리로 이마를 가리면 얼굴 가로선이 강조되어 더 동그랗게 보이므로 주의한다. 따라서 앞머리를 전부 내리는 빅뱅 스타일은 피하고 대신 살짝 올려준다. 옆머리는 귀를 덮지 않도록 잘라주는 것이 한결 산뜻한 느낌을 준다.

▶ 역삼각 얼굴형

턱이 뾰족한 얼굴은 도회적인 인상이지만, 날카로운 느낌을 줄 수 있는 것이 단점이다. 양쪽 귀 사이의 폭이 넓어 보이기 쉬우므로 옆머리와 뒷머리를 짧게 올려서 자르지 않는 것이 포인트이다.

헤어스타일 – 귀 옆 구레나룻 부분을 살려 단점을 커버한다.

깔끔하게 자른 다음 머리를 앞쪽으로 쏠리게 해서 얼굴의 윗부분을 가려주면 뾰족한 턱이 어느 정도 커버된다. 구레나룻 부분을 살려주는 것이 넓어 보이는 양 귀 사이를 커버하는 포인트이다. 앞머리는 이마의 양각을 숨기는 기분으로 가볍게 내리는 스타일이 좋다. 앞머리를 일자로 자르면 역삼각형 얼굴이 강조되므로 주의한다.

▶ 광대뼈가 돌출된 얼굴형

광대뼈가 돌출된 특징이 있는 마름모형 얼굴이다. 여자라면 머리를 길러 가려주는 것이 좋지만 남자의 경우에는 억지로 가리려고 애쓰기보다는 단점을 자연스럽게 드러내고 시선 유도를 해 포인트를 만들어주는 것이 좋다.

헤어스타일 – 가르마를 만들어 샤프하게 보이도록 한다.

스타일링 젤을 이용해 가르마를 만들어주어 시선을 모아준다. 구레나룻는 돌출된 광대뼈를 더 부각시킬 우려가 있으므로 깨끗하게 없앤다.

▶ 긴 얼굴형

이마부터 턱선까지 긴 얼굴은 미남형의 얼굴이기도 하지만 수수해서 나이가 훨씬 들어보일 수 있다. 얼굴의 세로선을 느낄 수 없도록 앞머리로 이마를 가려주면 좋다.

헤어스타일 – 앞머리를 적당히 내려 스마트하게 보이게 한다.

가장 이상적인 앞머리는 긴 이마를 답답하지 않을 정도로 커버해주거나 긴 이마를 살짝만 드러내주는 것이다. 눈을 덮을 정도의 답답한 머리는 오히려 긴 얼굴이 강조될 수 있으므로 주의한다. 그리고 긴 얼굴에는 덥수룩한 머리보다는 짧은 스타일이 스마트해 보인다.

▶ 각진 얼굴형

턱 선을 감추려고 하기보다는 이마 부분에 모양을 내어 시선을 분산시킨다.

헤어스타일 – 앞머리는 조금 길게 하고 구레나룻은 뺨 중앙까지 내리며 옆라인은 귀만 살짝 나오는 형태로 만들어준다. 모발의 모서리 부분을 내리기보다는 뭉뚝하게 처리하는 것도 한 방법이다.

▶ 큰 얼굴형

단점을 승화시키는 것이 좋은 방법이 된다.

헤어스타일 – 강호동의 헤어스타일처럼 짧게 자르는 것이 한 방법이다.

하지만 짧은 것이 싫다면 두정부의 부분을 볼륨을 내게 해주고 옆머리는 숱을 정리하여 모발이 두피에 붙지 않게 처리한다. 시술 방법은 아주 짧거나 길거나 둘 중에 하나를 선택할 수밖에 없다.

| 계란 얼굴형 | 둥근 얼굴형 | 역삼각 얼굴형 | 각진 얼굴형 |

가마의 종류

*가마는 가르마를 가르는 데 있어서 중요한 역할을 한다. 회오리를 연상하면 쉽게 생각할 수 있는데, 가마의 종류에는 중앙 가마, 좌측 가마, 우측 가마, 쌍가마, 세 쌍 가마, 그리고 앞머리에 있는 앞 가마와 매우 드물지만 네 쌍 가마도 있다.

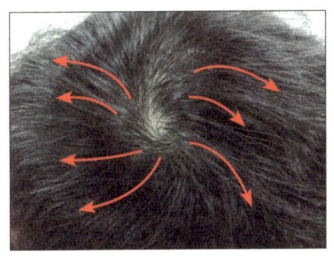

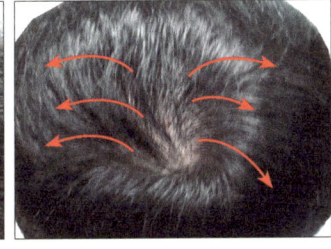

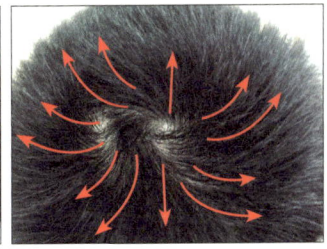

중앙 가마

중앙 가마는 좌측이나 우측 어느 쪽으로든 가르마를 갈라도 좋다. 그 이유는 가마가 중앙에 있어서 모류가 역행을 하지 않기 때문이다. 어느 쪽으로든 순류를 한다.

우측 가마

우측 가마는 우측으로 가르마를 갈라야만 한다. 그 이유는 좌측으로 가르면 순류하던 모류가 역행을 하기 때문에 모류가 뜨는 현상을 초래한다.

쌍가마

쌍가마는 우측이나 좌측이나 중앙이나 어느 쪽으로 가르마를 잡아도 좋다. 하지만 가마가 만나는(▶) 부분이 언제나 뜨는 현상을 가지고 있다. 이 부분의 모류를 정리해야 뜨는 현상을 막을 수 있다.

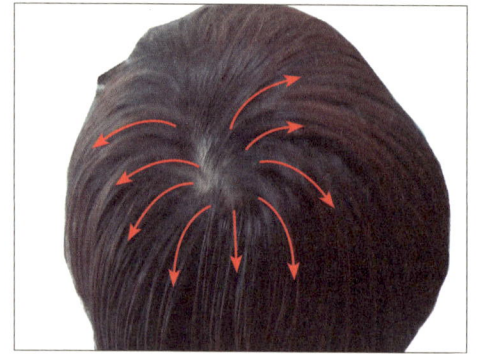

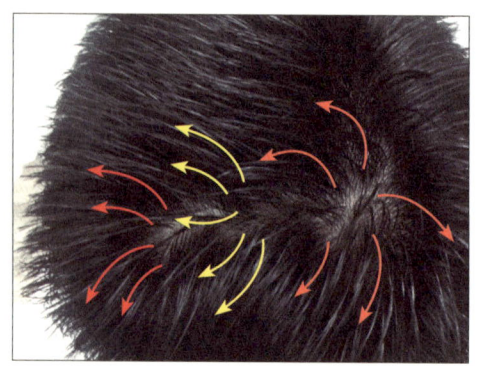

좌측 가마

좌측 가마 사진을 보면 화살표의 부분이 순류하고 있음을 알 수 있다. 만약 좌측 가르마가 아닌 우측 가르마를 한다면 사진 부분의 가마가 우측 모발로 덮이기 때문에 모발이 뜨는 현상을 만들게 된다.

물론 고도의 숱가위 작업을 할 수도 있고 제품으로 죽이는 방법도 있지만 그것은 임시방편일 뿐 해결 방법은 아니다. 가장 좋은 방법은 가마에 맞게 가르마를 가르는 것뿐이다.

세 쌍 가마

흔하게 볼 수 없는 세 쌍 가마이다. 두 개의 가마는 확연한데 중간의 노란색을 가진 가마는 생성이 덜 된 가마라 일렬로 서 있는 모양이다. 모류에 따라 질감을 사선으로 정리해 차분한 모양새를 만들어주면 된다. 주황색의 화살표를 가진 가마가 정 가마이고 빨간색을 가진 가마가 보조 가마이며 노란색을 가진 가마가 애기 가마이다.

＊화살표는 머리카락이 순류하는 모습을 나타낸다.

순류라고 하는 것은 모류가 역류하지 않고 올바르게 내려오는 것을 의미한다. 머리카락도 중력의 영향을 받기 때문에 위에서 아래로 흘러내린다.

앞 가마

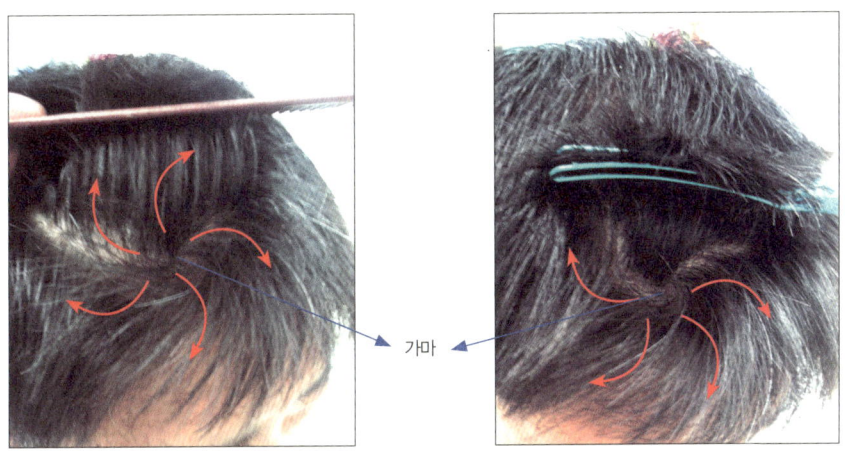

가마

앞 가마는 주위에서 쉽게 볼 수 없는 가마이다.

사진을 보면 앞머리 부분이 들쳐 일어나서 머리모양이 회오리처럼 전부 떠있음을 볼 수 있다. 숱가위로 모류를 잡아내야 하는데 되도록이면 모발이 흐르는 방향으로, 그리고 모발 뿌리 부분의 1cm 정도에서 정리해준다.

모류의 정의 및 종류와 정리법

＊모류는 모발이 자라나면서 뻗어가는 모양을 의미한다. 모류는 원래 자라나면서 순류하는 것이 원칙이다. 그리고 모발은 중력의 영향을 받기 때문에 위에서 아래로 자라나는 것이 원칙이지만 잠자리의 모양이나 옷깃에 의해서 또는 유아 때부터 목에 두르던 손수건에 의해서도 모류가 영향을 받는다. 따라서 순류하지 못하고 역류하는 모양새가 생기기도 한다. 그냥 역류하는 모양도 있지만 좌측으로 역류하는 모양, 우측으로 역류하는 모양, 그리고 앞머리의 역류 등 다양한 모양의 역류가 있다. 이러한 모류의 정리법을 알아보자.

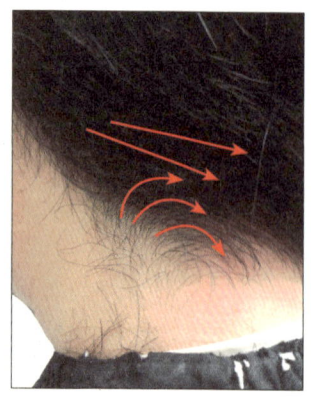

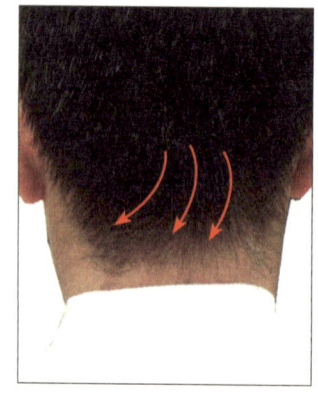

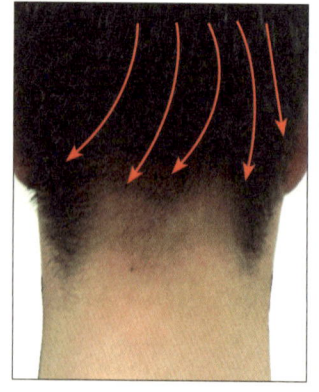

＊좌 역류 중앙쏠림 모류

중앙으로 쏠려들어오는 모류는 중앙 부분의 모류를 70% 정도 없애준다. 역류하는 모류는 뿌리 부분을 정리해준다.

＊좌 흘림 모류

좌측으로 흐르는 모류를 중앙으로 몰고 아래로 떨어지도록 모류를 잡아주어야 한다. 흐름의 반대 방향으로 밀어주듯이 정리한다.

＊좌류

모류를 잡아내려면 모류의 흐름을 읽어야 한다. 좌류는 좌 흘림 모류보다 위에서 내려오는 것이 대부분이므로 흰 부분 전체의 모류를 정리해야 한다.

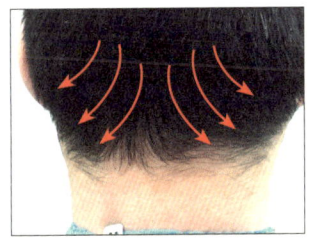

*좌우 흐름 모류

좌우로 흐르는 모류는 좌측에선 우측으로, 우측에선 좌측으로 밀면서 정리해주고 중앙에선 밑으로 흐르도록 해준다.

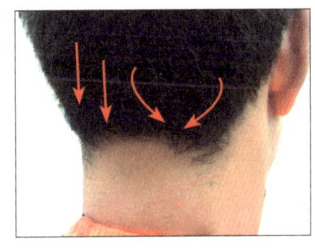

*우 다발 모류

우 다발 모류는 우측 아래로 모류가 모여 있는 것을 말하는데 모여 있는 모류를 정리해 옆부분과 같이 정리해준다.

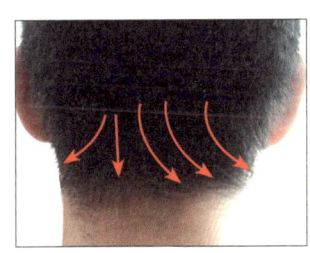

*우 흐름 모류

우 흐름 모류는 우측의 모류를 중앙으로 밀면서 정리해야 하며 밑으로 내려오도록 해야 한다.

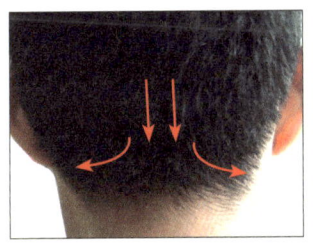

*밑 흘림 모류

밑 흘림 모류는 말마따나 밑 부분만 흐름이 있는 모류인데 사진처럼 밑머리가 짧을 경우에는 모류 정리를 하지 않아도 좋다. 잘라낼 것이기 때문이다.

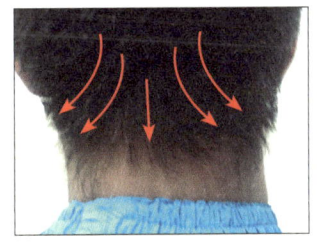

*좌우 흘림 모류

모류를 정리해야 하는 이유는 사진에서 보듯이 밑머리의 두툼함을 없애고 자연스럽게 내려오도록 하기 위해서이다.

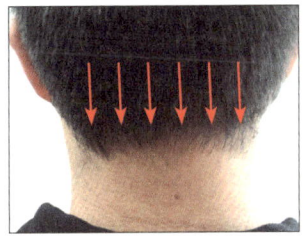

*순류

모발이 순류하는 경우를 보기는 좀체 어렵다. 이런 모발은 무거움만 정리해주고 전체적인 균형미를 맞추면 된다.

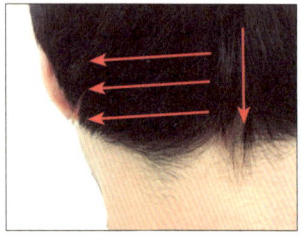

*좌 밑 역류 모류

앞서도 말했지만 모류를 정리하지 않으면 사진처럼 무거움을 정리할 수 없다. 역류하는 모류를 가볍게 해주고 밑으로 내려오도록 정리한다.

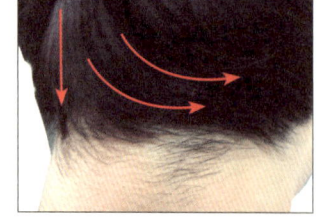

*우 밑 역류 모류

역류하는 모류를 정리할 때는 사진의 화살표 반대로 숱가위가 들어가게 해 중앙으로 밀면서 모류를 정리하며 밑으로 내린다. 가위가 들어가는 곳은 2/3지점이다.

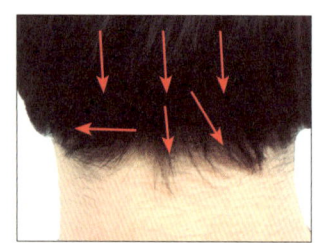

*좌우 밑 흘림 모류

화살표의 반대방향으로 숱가위가 들어가서 좌는 우측으로, 우는 좌측으로 밀면서 모류를 중앙 밑으로 내리면서 정리한다. 무거움을 없애고 가벼움을 추구해야 한다.

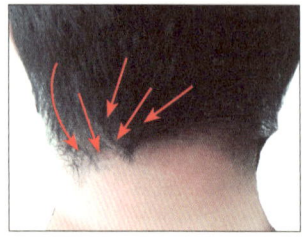

*중앙 쏠림 모류

좌우는 숱이 약한 반면 중앙으로 모여서 꼬리를 만드는 모류로 일명 제비추리 모류라고 한다. 이 부분을 정리하여 자연스러운 모양으로 만들어준다.

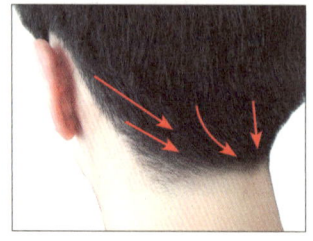

*좌 중앙 모임 모류

모류의 다양성은 요즘에는 힘든 문제로 다가오고 있다. 무거운 모양을 없애고 가벼움을 만들어 모발이 자라나는 모양을 부드럽게 만드는 것이 기술인의 덕목일 것이다.

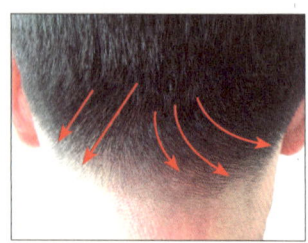

*좌우 흘림 모류 완성

좌우 흘림 모류의 완성도인데 이렇게 모류가 흘러가지만 모발 정리를 하고 밑머리를 깨끗하게 만들어주어 세련된 모양이 나오도록 교정해주어야 한다.

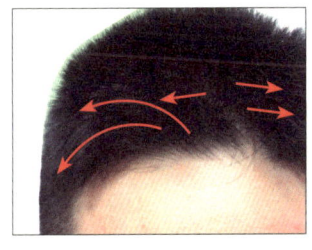 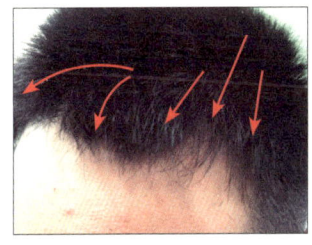 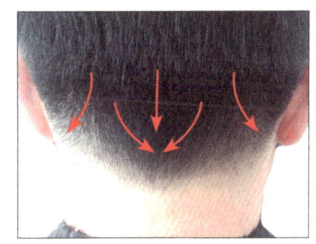

*앞 우 흐름 모류	*앞 중앙 모임 모류	*중앙 쏠림 모류

앞머리가 우측 흐름을 가지고 있으면 일단 가르마는 좌측으로 갈라야 한다. 모발은 순류한다고 했듯이 흐름을 자연스럽게 하는 것이 일단 좋다. 이 역시 화살표의 반대 방향으로 숱 처리를 하면서 가벼움을 만들어 준다.

모류를 정리하지 않으면 사진에서처럼 모발이 부드럽지 못하고 거칠게 자라나게 된다. 모발을 자르는 것은 맞지만 뿌리 부분을 자르는 것이 아니라 뭉친 것이나 뻗친 것 등을 정리해주어 자연스럽게 만들어준다.

중앙 쏠림 모류의 완성도 인데 대부분의 이·미용인들이 중앙 쏠림 모류는 없애야 한다고 생각한다. 모발 정리를 하면 굳이 모발을 밀지 않아도 사진에서처럼 자연스럽게 만들 수 있다.

*모발을 자르는 데 있어서 제일 먼저 생각해야 할 것은 모류의 존재를 먼저 인지해야 한다는 것이다. 모류의 방향을 먼저 확인하고 정리함으로써 모발이 잔잔해지도록 한다. 뻗친 모발은 가라앉힐 줄 알아야 하며 뭉친 모발은 가벼움을 찾아주어야 하고 가라앉은 모발은 뜨도록 해주어야 한다. 기술도 중요하지만 시술자의 제일 큰 덕목은 다른 사람의 머리가 내 머리라는 마음가짐이다. 그런 상태가 되어야 모발에 대해 조심하는 마음이 생기게 되고 시술에서의 실수가 줄어들게 된다.

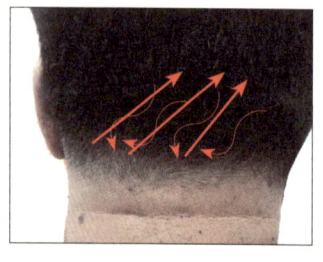

*중앙 좌 쏠림 모류

후두부 중앙의 모발이 좌측으로 쏠림 현상을 가지고 있는 모류다. 이 경우는 중앙 부분의 모류를 화살표(직선) 방향으로 숱가위를 넣어서 뭉친 모발을 숱 처리해 자연스러운 모양으로 만든다.

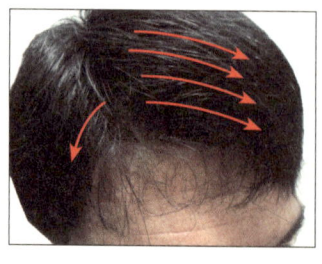

*앞 모발 좌 쏠림 모류

사진에서 보면 앞 모발이 좌측으로 일어나면서 넘어가는 모류다. 다소 처리하기 까다로운 모류 중 하나다. 하지만 일어난 모발을 가라앉게 해주는데 모발 길이의 3/4 지점에 숱가위를 넣어 처리한다.

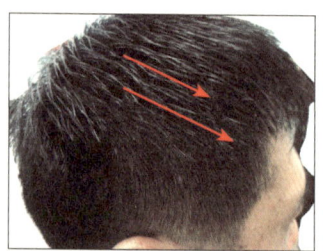

*좌우 앞 쏠림 모류

사진에서 보면 우측면의 사각지대 부분의 모류가 앞으로 흐른다. 이 모류는 자연스럽게 만드는 것보다는 지금 상태에서 질감만 정리해 준다.

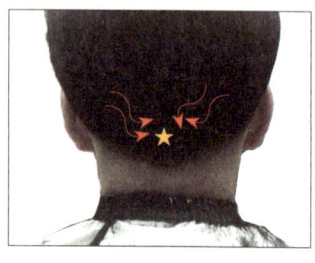

*중앙 쏠림 모류

좌우의 모발이 중앙으로 몰려오는 모발이다. 이 경우는 다발성이기 때문에 별(★)표의 중앙부분의 모발을 숱 처리 해주고 좌우의 모양과 맞게 잘라준다.

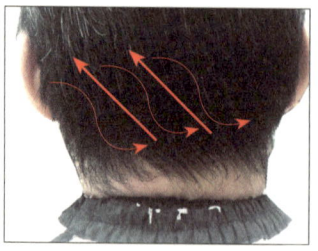

*우 흘림 모류

후두부의 모류가 우측으로 흐르는 모류이다. 이 경우는 화살표(직선) 쪽으로 숱가위를 밀면서 숱 처리 해준다. 너무 깊이 넣지 말고 1/2 정도만 숱 처리 해준다.

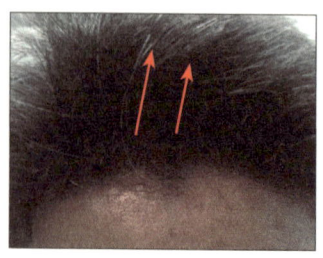

*앞 모발 들림 모류

앞 모발이 하늘을 향해 들려 있는 모류이다. 이 경우는 15%의 절삭력을 가진 숱가위로 시술을 해주는데 두 번 정도만 뿌리 부분에서 숱 처리 해준다.

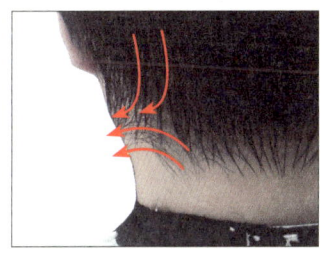

*좌우 밑 역류 모류

좌측이나 우측의 밑모발이 화살표의 방향처럼 역류하는 경우는 역류하는 모발을 뿌리까지 절삭하여 위에서 내려오는 모발을 자연스럽게 해주어야 한다. 역류하는 모발이 적을 때는 상관없다.

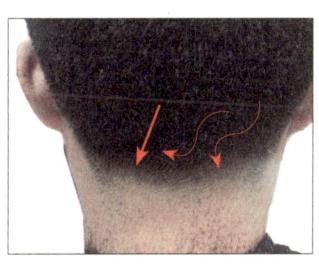

*후두부 밑모발 좌흘림 모류

후두부 중앙의 모발이 좌측으로 흐르는 모발을 2/3 지점까지 숱가위가 모발 사이로 들어가서 질감을 정리해준다. 직선의 화살표처럼 숱가위가 들어가면 된다. 하지만 너무 많은 질감을 처리하지 말고 가벼운 정도로만 시술한다.

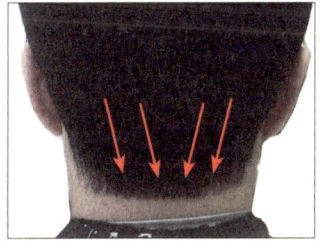

*밑모발 중앙 모임 모류

좌우 밑모발을 숱이 없어보이는 이유는 모발이 중앙 밑모발로 모여들기 때문이다. 이때는 화살표 방향의 역 방향으로 숱가위를 모발 사이에 넣으면서 중앙 밑모발의 질감을 감소시키면서 좌우의 모발 양만큼 되게 가볍게 시술한다.

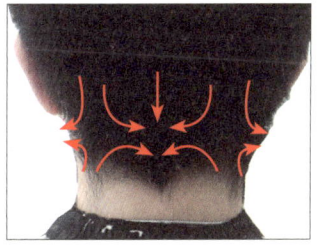

*좌우 역류 중앙 쏠림 모류

그냥 밑모발을 시원하게 잘라버리면 속이 시원한 모류이다. 하지만 개성시대에 이런 모류를 가지고 있는 것은 당연하게 보일 수도 있다. 짧다라는 정도로 자르게 되면 모류에 의해서 사진의 상황이 나오는 것은 당연하다. 모류를 다 잡을 수는 없지만 무겁지 않게 가볍게 한다는 생각으로 한다.

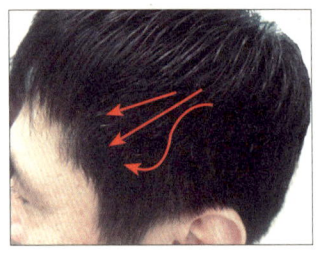

＊좌측부 앞 쏠림 모류

앞 쏠림 모류는 상당히 까다로운 작업이다. 숱가위는 25발이나 26발 정도의 절삭력 15% 되는 것으로 뿌리 부분의 모류를 화살표의 반대 방향으로 밀면서 시술해 무거움만 정리해준다.

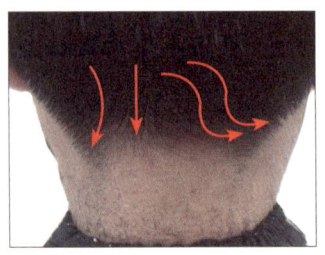

＊후두부 밑모발 중앙 흐름 모류

우측으로 흘러가는 모류는 화살표의 반대 방향으로 당겨주면서 가벼움을 만들어주고, 중간에서 모이는 모류는 흐르는 방향으로 질감을 정리해준다.

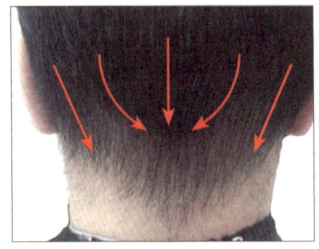

＊후두부 중앙 쏠림 모류

좌우의 모양을 보면 중앙에만 모발이 모여서 무겁게 보인다. 이 경우는 중앙의 모발을 질감을 정리해 좌우의 명암과 대비되게 해준다.

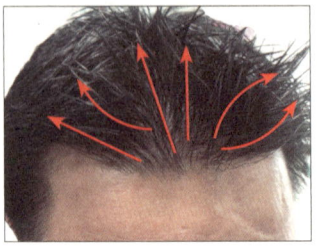

＊앞 모발 우측 흘림 모류

앞 모발이 우측으로 흘러가는 모양인데 화살표의 반대 방향으로 밀면서 질감을 정리한다. 하지만 뿌리 부분까지 숱가위로 시술하지 말고 1/2지점까지만 한다.

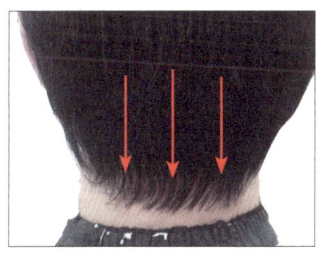

*후두부 밑모발 밑 흘림 모류

흘림 모류는 좌측이든 우측이든 어느 쪽으로 흐르지 않고 밑으로만 내려오는 성질이 있다. 이 경우는 중앙으로 모이는 모발의 무거움만 감소시켜주면 된다.

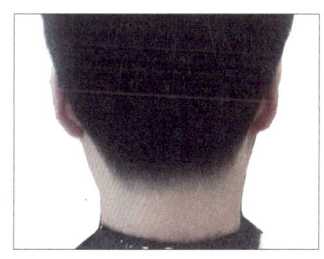

*순류

이렇게 전체적으로 자연스러운 모류는 좀처럼 보기 어려운 일이다. 모발의 흐름이 자연스러워 시술만 제대로 이루어진다면 예쁜 헤어스타일이 나온다.

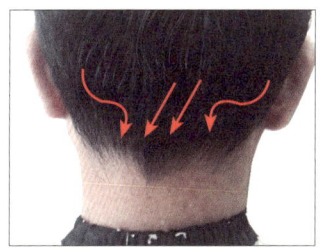

*후두부 밑모발 중앙 흐름 모류

좌측과 우측의 모발이 중앙으로 몰려오는 중앙 흐름 모류이다. 몰려오는 모류를 화살표 반대 방향으로 숱가위를 밀면서 정리한다. 모발이 몰려오기 때문에 밀어주면서 시술을 해야 모발이 제자리로 간다.

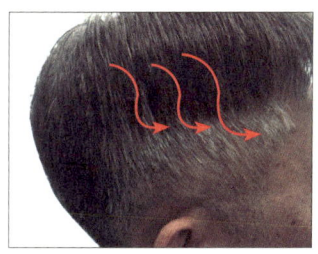

*우측 모발 앞 흐름 모류

측두부의 모발이 앞으로 흐르는 모류 역시 모발이 흘러간 모발을 화살표 반대 방향으로 시술해 모류를 자연스럽게 만들어준다.

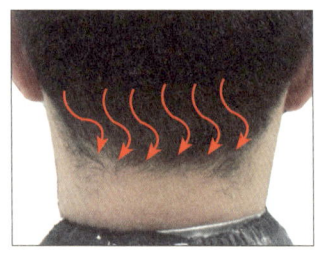

*밑모발 유류 모류

모류가 순류하지 않고 물 흐르듯이 하는 유류 모류다. 순류와 같은 성질을 가지고 있기 때문에 자연스럽게 모류를 정리만 한다는 생각으로 한다.

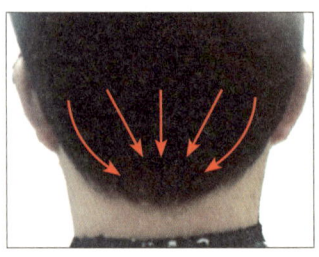

*좌우 모발 중앙 몰림 모류

중앙 몰림 모류는 화살표 방향의 역방향으로 시술하는 것이 옳다. 좌측 모류는 좌측으로, 우측 모류는 우측으로 밀면서 모류를 제자리로 내려오게 한다.

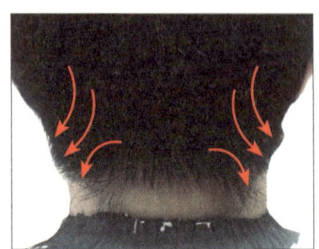

*좌우 흘림 모류

좌우 흘림 모류는 밀려간 모발을 당겨주면서 시술해야 모발이 제자리에서 밑으로 내려온다. 모류 정리의 기본은 바로 내려오게 하는 것에 그 목적이 있다.

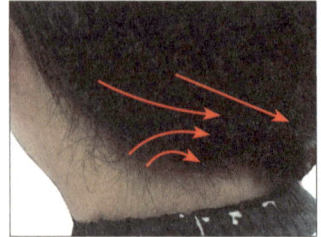

*좌 밑모발 중앙 역류 모류

이 모류는 모발이 짧을 때는 까다롭지만 긴 모발일 때는 오히려 쉽다. 사진의 화살표의 역방향으로 2/3 지점에 숱가위가 들어가서 모류를 밑으로 내리면서 숱 정리를 해주면 모발이 밑으로 내려오면서 차분하게 된다.

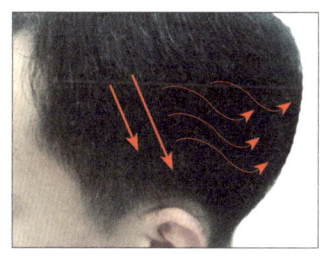 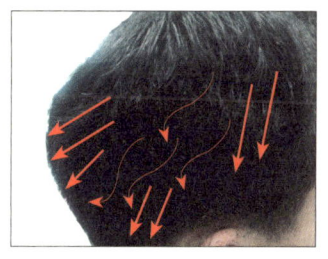

*좌측 다발성 흘림 모류

좌측두부 귀 뒤의 모발이 후두부로 흘러가며 뻗치는 보기 힘든 모류이다. 이런 경우는 모발이 곱슬기를 가지고 있는 축모인데 아무리 숱을 정리해도 흐르는 현상을 잡을 수 없다. 하지만 모류를 정리하는 대신 숱을 뿌리에서부터 감소시키고 사진에서처럼 두정부에서 흘러 내려오는 라인을 자연스럽게 만들어주면 된다. 이때 숱 뿌리에서 많은 양을 처리하면 안 된다. 모류는 선천적으로 생기기도 하지만 후천적인 면이 더 많다. 잠자리의 습관이나 와이셔츠 깃, 양복의 깃에 의해서도 생기고 어릴 때 두르는 수건에 의해서도 생긴다. 숱가위가 들어가는 방법은 사진의 모발이 흐르는 방향에서 역방향으로 숱가위를 뿌리부분까지 집어넣고 한 번만 절삭한다. 이때는 절삭량이 적은 26발 정도의 숱가위로 시술한다. 시술하는 양은 사진의 화살표 방향처럼 5~6회 정도 숱 처리를 해준다.

*우측 다발성 흘림 뻗침 모류

우측두부 귀 뒤의 모발은 뻗침 현상을 가지고 있는 특이 모류이다. 이런 경우는 뿌리부분을 숱 처리하면 안 되고 모발 길이의 중간 부분을 숱 처리 하는데, 사선으로 숱가위가 들어가면서 중간부분만 해야 한다. 모발이 자연스러움을 연출하기 위해서는 숱의 뿌리부분을 처리하는 수단은 흘림 모류일 때는 가능하지만 뻗침 모류에서는 뿌리부분을 숱 처리하면 숱의 감소는 당연하지만 두피가 훤하게 보이는 단점을 가진다. 요즘의 고객들은 숱이 많지 않으므로 숱 처리를 하는 데 신중을 기해야 한다. 시술 방법은 옆의 사진과 별반 다르지 않지만 모발 길이의 중간 지점까지만 시술을 해야 하고 숱가위는 화살표의 역방향으로 숱가위가 들어가면서 하면 된다.

이론

커트의 용어

＊그라듀에이션(graduation)

옥시피탈본에서 목선까지 버티컬 커트로 하고, 나머지는 이사도라 형태로 커트하는 방법

＊다이아고널(diagonal)

사선으로 슬라이스를 떠서 커트하는 방법

＊레이어(layer)

버티컬 커트 90°(층이 있는 커트)로 하는 방법

＊블런트 커트(blunt cut)

무디고 둔하게 한다는 뜻으로 끝을 뭉툭하게 커트하는 방법

＊스트록 커트(strock cut)

가위에 의한 테이퍼링 방법

＊롱 스트록

두발에 대한 가위의 각도가 45°~90° 정도로 볼륨을 크게 하고자 할 때

＊미디움 스트록

두발에 대한 가위의 각도를 10°~45°로 할 때

＊쇼트 스트록

두발에 대한 가위의 각도가 0°~10° 정도로 모발 끝에만 볼륨이 필요할 때

＊인사이드 스트록

머리 속 부분에 테이퍼를 행할 때

＊아웃사이드 스트록

머리 표면에만 스트록을 할 때

＊슬라이싱(slicing)

슬라이스 커트를 이용하여 질감을 만들기 위해 자를 때

＊슬리더링(slithering)

가위 커트로 부드럽게 자를 때

＊시저 오버콤(scissor overcomb)

밑부분에 빗을 대고 연속 동작으로 가위질을 할 때

＊싱글링(shingling)

밑을 짧게 치는, 목덜미 부분을 짧게 하는 방법

＊에프터 커트(after cut)

시술 후 디자인을 맞추는 방법

＊원 랭스(one length)

모발의 끝선이 단차가 없는 커트

＊웨이트 커트(wet cut)

머리카락이 젖은 상태로 하는 커트

＊인터널 가이드라인(internal guide line)

스타일을 결정할 때 제일 처음 자르는 가이드라인

＊지오메트릭 커트(geometric cut)

기하학적인 커트

＊칩핑(chipping)

가위를 세워서 끝으로만 자르는 방법

＊페리미터 셰이프(perimeter shape)

아웃라인을 포인트 커트하면서 소프트한 질감을 내는 방법

＊트리밍(trimming)

'정돈한다'는 의미로 모발의 면을 다듬는 방법

＊틴닝(thining)

숱을 정리하는 것

＊호리존털(horizontal)

가로로 슬라이스를 떠서 커트하는 방법

빗의 구조 및 기능

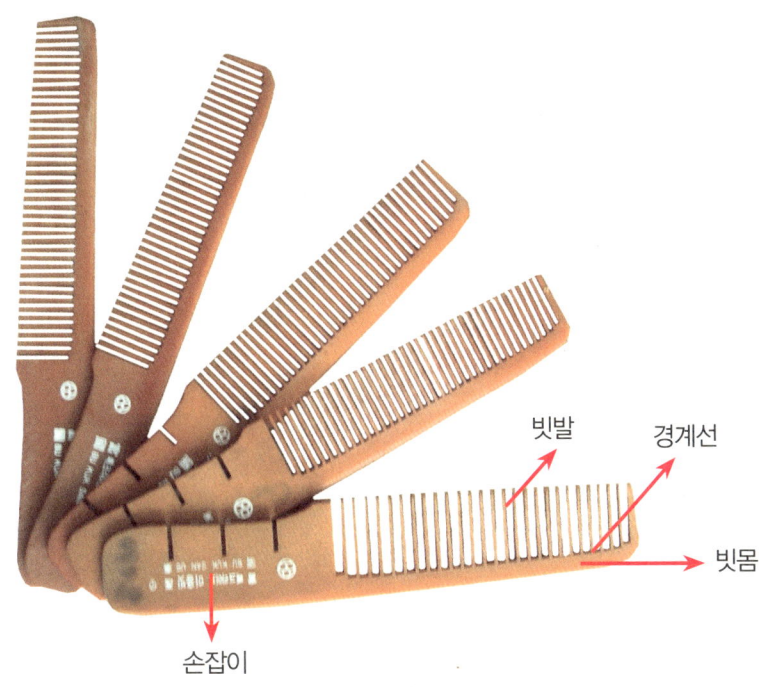

빗발　경계선

빗몸

손잡이

＊빗은 손잡이와 빗발 그리고 빗몸으로 이루어져 있다. 기능으로는 손잡이는 당연히 손가락으로 잡아주는 역할, 빗발은 모발을 잡아올리고 빗어내리는 역할을 하고 있다. 또 빗몸은 빗발이 모발을 잡아올릴 때 모발을 모아놓는 역할을 하고 있다. 모발을 자르는 데 있어서 중추적인 역할을 하고 있는 것이 빗이다. 모발을 자르기 위해서 손가락으로 모발을 잡지만 빗이 모발을 잡아내지 않는다면 모발은 깨끗하게 잡히지 않는다. 이렇게 빗은 커트에 있어서 중요한 역할을 하므로 소홀히 대하면 안 될 것이다.

빗 잡는 자세

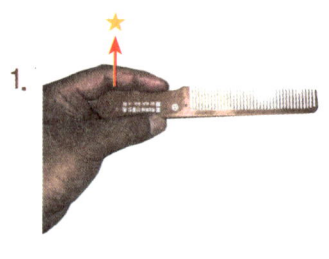

1.

사진에서 보듯이 엄지는 빗 손잡이의 아래를 받쳐주고 검지는 손잡이의 윗 부분을 잡는다. 이때 검지의 손가락 끝 부분에서 두 번째 마디(☆) 부분까지만 빗 손잡이를 잡는 것이 요령이다.

2.

사진에서 중지는 엄지와 같이 빗의 밑 손잡이를 같이 잡아준다. 이처럼 빗을 손가락으로 잡아주어야 올바른 자세라 할 수 있다.

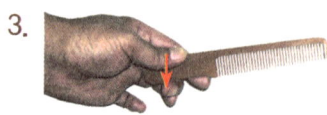

3.

사진에서 보면 빗발이 아래로 향하고 있다. 1, 2번의 사진은 모발을 아래에서 위로 올릴 때의 자세이고, 이 자세는 모발을 올라가면서 자르게 되면 헝크러질 수 있는데 이 헝크러진 모발의 정리를 위해 빗어 내려야 하기 때문에 빗발이 아래를 향하는 것이다.

4.

빗을 잡는 자세는 원래 요령이 있지만 지면으로 이야기하기에는 다소 무리가 따른다. 자세한 것은 동영상으로 확인하면 되는데, 간단하게 얘기하자면 3번 사진의 엄지가 빗 손잡이를 내리고 4번 사진의 중지에 있는 손잡이를 화살표 방향으로 당겨주면서 빗을 1번 사진의 모양처럼 만들어준다. 빗을 돌릴 때는 손으로 돌리는 것이 아니라 손목의 스냅으로 자연스럽게 돌린다.

가위의 구조

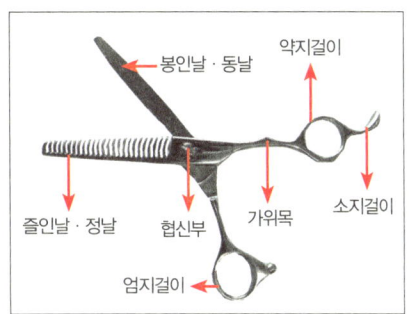

가위 잡는 자세(바로잡기)

    손을 펼친 상태에서의 바로잡기 자세이다. 검지와 중지는 손가락 끝에서 둘째마디로 가위목을 감아주고 약지와 소지는 일자로 뻗어준다.

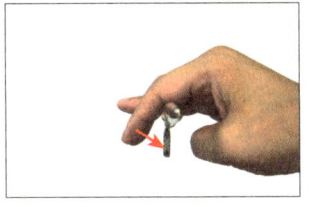

    사진의 화살표처럼 검지와 중지로 가위목을 감아쥐는 것이 바른 자세라 할 수 있다. 가위 잡는 자세가 잘되어야만 손목을 보호하고 무리하게 근육을 쓰지 않기 때문에 편안하게 시술할 수 있는 모양이 나온다.

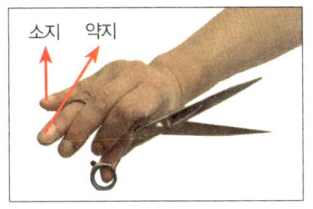

    소지와 약지는 뻗어 있는 상태로 검지와 중지로만 가위목을 감아쥐고 손목을 약간 오른쪽으로 틀어주면 가위날이 눈앞으로 오게 된다. 가위날이 눈앞에 있어서 시술이 용이하다.

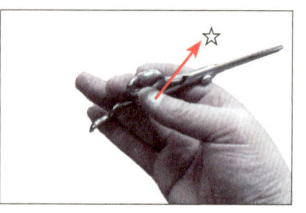

엄지는 엄지걸이에 넣는 것이 아니라 사진에서처럼 엄지걸이에 걸쳐주는 것이 요령이다. 별표에 엄지를 걸쳐 엄지로만 가위를 개폐하는 것이다. 이 자세가 바로 기본이다.

가위 잡는 자세(세워잡기)

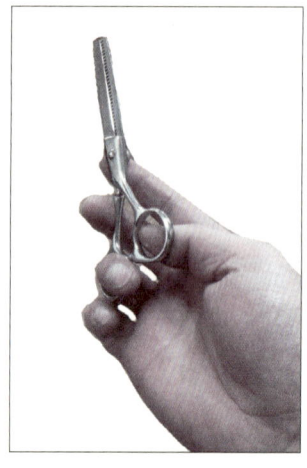

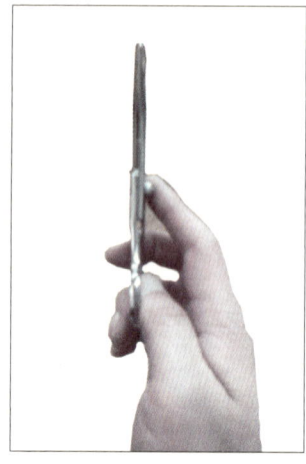

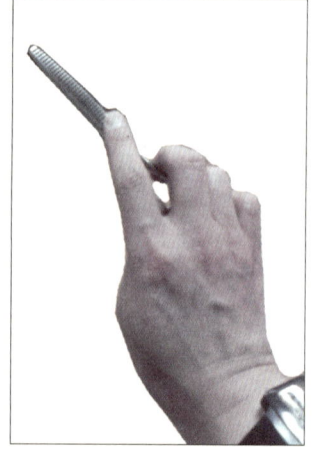

바로잡기와 달리 세워잡기는 손가락의 위치가 바뀔 뿐이다. 바로잡기에서 검지와 중지가 가위의 목을 감았다면 세워잡기에서는 약지와 소지가 약지걸이와 소지걸이를 감아준다.

검지와 중지는 가위목에 걸쳐주고 약지와 소지는 각각의 걸이를 감아쥔다. 이렇게 하면 가위와 손바닥이 붙게 되는데 이때 엄지를 사진에서처럼 엄지걸이에 걸쳐준 후 개폐한다.

검지는 가위의 협신부에 위치하고 중지는 가위목에 걸친 채 약지와 소지가 각각의 걸이를 감싸쥔다고 했다. 가위잡는 자세는 이 두 가지로 모든 과정을 아우를 수 있다. 물론 스트록의 기법에 가위잡는 자세가 여러 가지 있지만 남성 커트에는 이 두 가지가 있다.

빗에 가위를 붙이는 방법

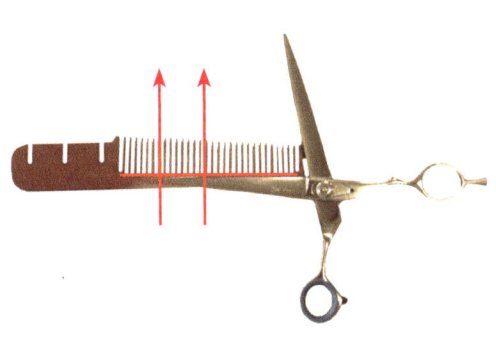 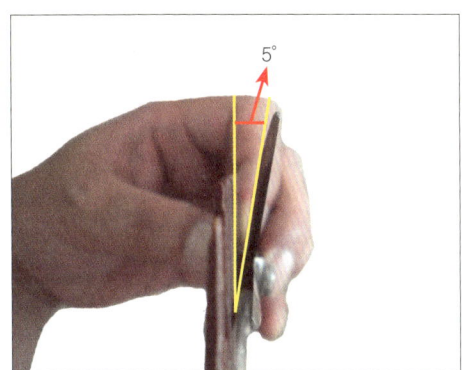

  ＊사진에서처럼 빗에 가위를 붙인다. 가위잡기는 바로잡기를 해주고 가위의 날은 수평을 이루게 한다. 빗도 수평을 이루게 하고 빗의 경계선에 가위의 정날을 일직선으로 붙인다. 빗과 가위가 화살표 방향으로 올라가면 모발이 빗발을 거쳐 빗등 바로 전인 경계선에 걸치게 되는데 이때 가위의 정날은 고정하고 동날이 내려와서 모발을 절삭하게 한다. 이때 주의할 점은 가위의 정날이 올라오면서 자르면 안 되고 가위의 동날이 내려오면서 잘라야 한다. 그리고 가위의 정날은 빗의 경계선에 붙여야 하지만 가위의 동날은 사진에서처럼 5° 정도 빗발과 거리를 두어야 한다. 가위의 동날이 빗과 일직선상으로 붙이게 되면 가위의 동날이 내려오면서 빗발을 갉아낼 수 있기 때문이다. 빗과 가위의 동날에 공간을 주어도 되는 이유는 가위가 빗발에 있는 모발을 자르는 것이 아니라 빗의 경계선에 있는 모발을 자르는 것이기 때문이다.

클리퍼의 구조 및 기능

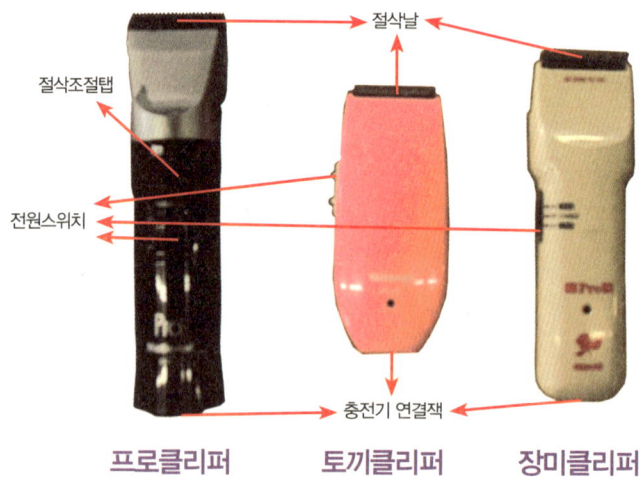

절삭날

절삭조절탭

전원스위치

충전기 연결잭

프로클리퍼   토끼클리퍼   장미클리퍼

＊**프로클리퍼** : ER153이라는 제품의 클리퍼다. 제품명이 PRO라고 해서 일명 PRO 클리퍼로 불린다. 절삭부분이 절삭을 조절할 수 있는 요소를 가지고 있다. 초보자들이 무리없이 사용할 수 있는 제품이다.

＊**토끼클리퍼** : ER143이라는 제품의 클리퍼다. 제품이 작고 귀여워 토끼처럼 생겼다고 해서 토끼클리퍼로 불린다. 커트 작업이 끝난 후 잔털 정리에 좋다.

＊**장미클리퍼** : CL-7000K라는 클리퍼다. 장미문양이 있어서 장미클리퍼라고 불린다. 약간의 실수에도 절삭이 쉽기 때문에 초보자들보다는 클리퍼를 능숙하게 사용할 수 있는 숙련자들이 쓰기에 좋다.

클리퍼를 잡는 자세

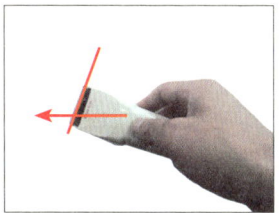

클리퍼는 사진에서처럼 손가락들로만 클리퍼의 몸통을 감아쥐듯이 살며시 잡는 것이 기본자세이다. 클리퍼의 날은 사진에서처럼 사선이 되게 하여 손목의 스냅으로 시술한다.

이 사진은 스포츠 커트 두정부 시술을 할 때의 자세이다. 나중에 스포츠 커트 해설에서 더 자세하게 이야기하겠지만 빨간 선처럼 빗을 수평으로 맞추어야 두정부의 시술이 용이하다.

간혹 옆 사진처럼 클리퍼의 밑둥을 감아쥐는 경우가 있는데, 이 경우는 힘의 전달력이 뒤에 있어서 좋지 않다.

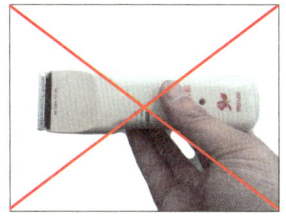

클리퍼를 사진처럼 밑에서 쥐게 되면 시술시에 어깨가 밑으로 처져서 올바르지 못한 자세가 나와서 좋지 않다.

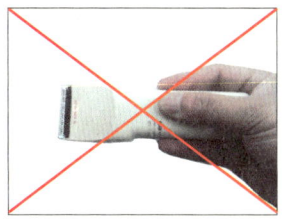

위에서는 클리퍼의 밑둥을 잡았지만 여기서는 클리퍼의 몸통을 잡았다. 이 경우는 손목의 스냅으로 시술해야 하는 클리퍼 시술에서 직선으로만 시술되는 자세이기 때문에 올바르지 못한 자세이다.

테이퍼링(옆가위질) 자세

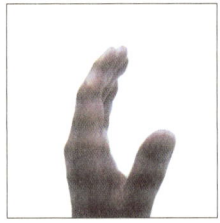

테이퍼링을 하기 위해서는 일단 자세가 중요하다. 사진에서처럼 손바닥과 손가락은 곡선미를 가지고 있어야 하고 엄지는 바로 세워주는 것이 바른 자세이다.

엄지에다 가위날의 끝부분을 갖다 댄다. 사진에서는 가위날이 안쪽으로 들어와 있는데 이는 두상 쪽으로 향하는 것이기 때문에 삼가해야 할 자세이다.

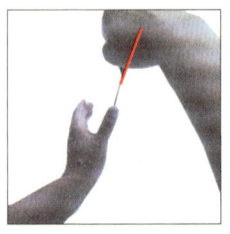

엄지에다 가위날의 끝부분을 갖다 댄다. 가위의 날이 일직선상에 놓여 있는 것을 볼 수 있다. 이 경우가 엄지에 가위날을 대주는 바른 자세이다.

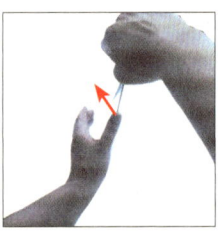

엄지에다 가위날의 끝부분을 갖다 댄다. 가위의 날이 두상 바깥 쪽으로 놓여 있는 것을 볼 수 있다. 이 경우도 엄지에 가위날을 대주는 바른 자세이다.

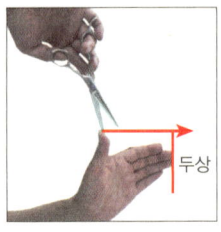

가위 잡는 자세를 안쪽에서 본 장면이다. 중지 쪽은 가만히 있는 자세에서 엄지로 가위를 밀어서 중지 쪽으로 간다. 중지 쪽이 가만히 있는 이유는 중지 쪽은 두피에 붙어 있는 상태이기 때문이다.

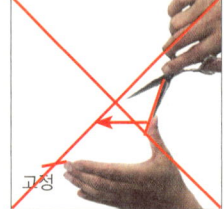

사진에서처럼 가위가 엄지에 붙어 있는 경우는 가위가 누워 있는 자세라 위험요소가 있어 좋지 않다.

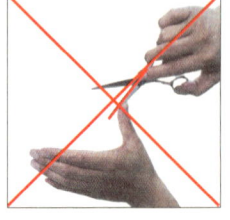

사진에서처럼 가위날이 엄지에 많이 내려와 있는 경우는 바른 자세가 아니다.

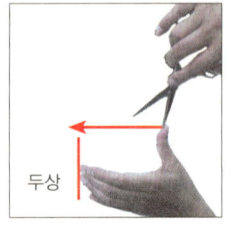

가위의 자세는 수직에 가깝게 세워주고 가위날의 끝은 엄지 손가락에 얹어준다. 엄지로 가위를 밀면서 가위를 개폐해준다. 중지 끝 쪽은 두피에 붙여주는데 이 자세가 바른 자세이다.

드롭핑(끊어치기) 자세

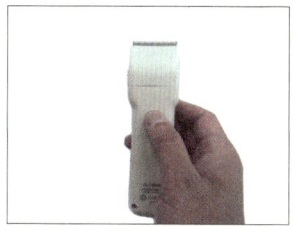

드롭핑은 클리퍼 커트를 시술하고 나서 절삭되지 않고 남아 있는 잔 모발을 처리하기 위한 시술 방법이다. 클리퍼의 자세와는 반대 자세이다. 앞에서 본 클리퍼 자세는 사선으로 누워 있는 반면에 드롭핑은 사진에서처럼 거꾸로 잡는다.

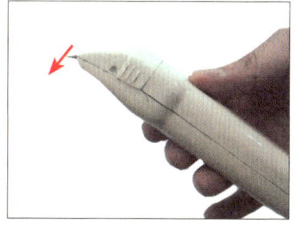

드롭핑을 할 때는 사진에서처럼 위에서 아래로 내리는 방식으로 하는데, 전체 모발을 자르지 않고 잔 모발만 처리한다.

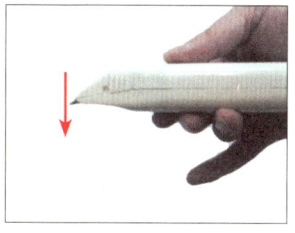

위에서 클리퍼로 드롭핑을 했을 때 잘리는 부분은 클리퍼가 사진처럼 수평이 되어 있을 때이다. 위의 사진은 내려오면서 절삭될 모발을 보며 내리는 시작점이고, 이 사진은 모발이 잘리는 곳이다.

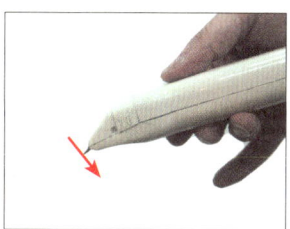

이 사진은 위의 사진 다음 장면인데 모발을 클리퍼로 드롭핑한 후 내려가는 자세이다.

숱가위의 시술시 방법들

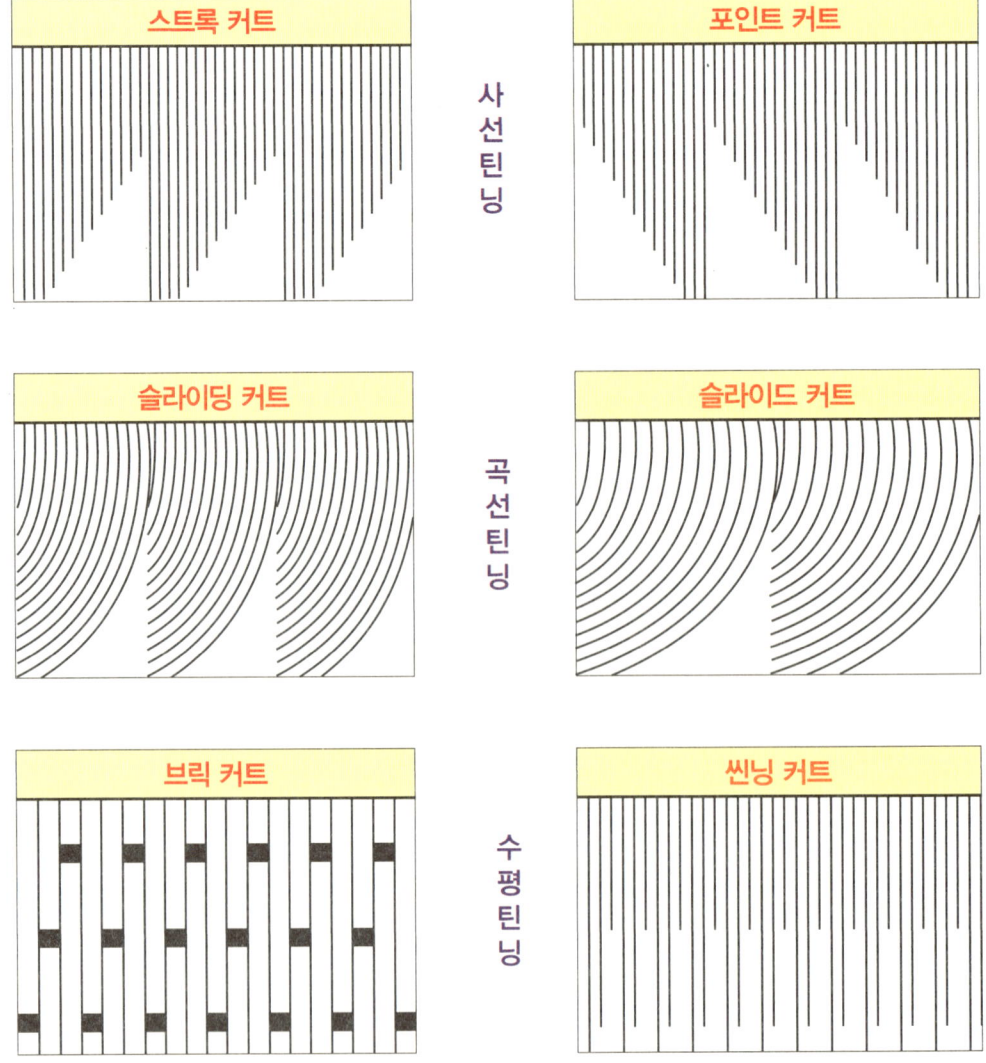

스트록 커트

포인트 커트

사선 틴닝

슬라이딩 커트

슬라이드 커트

곡선 틴닝

브릭 커트

씬닝 커트

수평 틴닝

*숱가위의 시술 방법에는 사선 틴닝법, 곡선 틴닝법, 수평 틴닝법 등 여러 가지의 기술이 있다. 이 같은 기술을 이용해 시술의 다양성과 모류의 순류 작업 그리고 스타일의 여러 변화를 가져와보자.

숱가위의 시술 자세

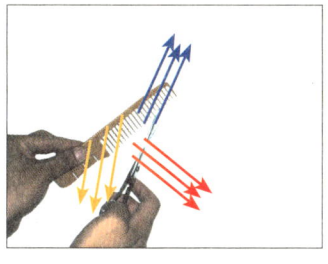

이 사진은 앞머리, 측두부, 후두부의 모발을 숱 처리하는 요령이다. 파란색 화살표는 가위가 들어가는 방향이고 빨간색은 가위가 들어가서 모발을 자르고 내려오는 방향이다. 노란색은 모발을 자르고 가위가 내려오면 빗이 모발을 빗어 내려올 방향이다.

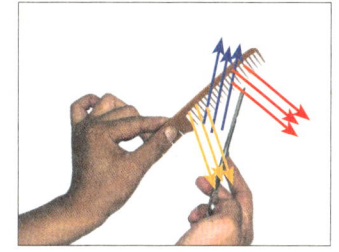

이번 사진은 귀앞머리, 앞머리, 가마부분의 모발을 숱 처리하는 요령이다. 위의 사진과 별반 다르지 않으나 가위의 각도 차이가 있다. 그리고 귀앞머리의 경우는 가위 내리는 방향을 슬라이스나 슬라이드 방법으로 하는 것이 요령이다.

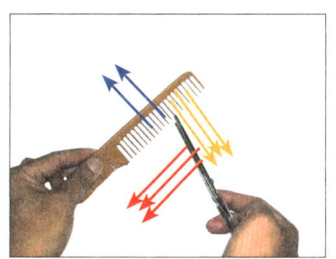

이번 사진은 위 사진과 달리 가위의 방향이 바뀌어 있다. 위의 사진은 우측두부를 말하는 것이고 이번은 좌측두부를 말한다. 귀 뒤부분의 모발은 위의 사진은 우측면의 귀 뒤 모발을, 이 사진은 좌측 귀 뒤의 모발을 처리하는 자세이다.

이번 사진은 두정부의 숱 처리 장면이다. 빗 위에 가위가 있다. 이 경우는 가르마가 있으면 가르마에서 모발을 빗어가면서 숱 처리를 한다. 빗이 모발의 끝부분에 오면 빗 위에 가위를 놓고 모발을 정리해나간다.

위의 사진과는 다르게 이번 사진은 가위가 빗의 밑에 들어간다. 이 경우는 가르마에서 모발을 빗어가면서 모발의 중간부분을 지나서 들어가는 것이 요령이다. 모발의 끝부분을 정리할 때는 가위가 빗 위에 있고 모발의 중간부분을 지나서는 가위가 빗의 밑에 있다는 것을 명심한다.

숱가위 좌측두부 시술방법

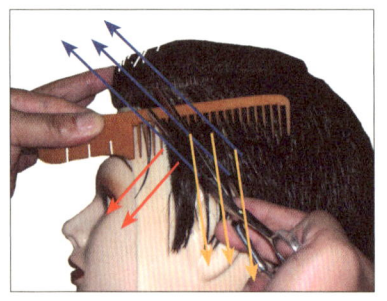

틴닝의 정의는 예전과는 많이 다르다. 왜냐하면 현대인의 머리숱의 양은 환경오염, 스트레스, 불규칙적인 식습관 등 여러 가지 요인으로 인해 평균 모발의 양이 20% 정도 감소되었기 때문에 모발을 감소시키기보다는 숱을 정리한다는 개념이 더 올바르다고 할 수 있다.

좌측두부의 숱 처리 방법이다. 가위가 들어갈 때 가위의 끝부분은 사진에서처럼 바깥으로 나오게 해야 한다. 가위에 들어온 모발을 다 자르는 것이 아니라 모발의 무거움과 뻗치는 것 등 불필요한 요소만 정리한다는 개념으로 가위의 끝을 들면서 모발을 정리한다.

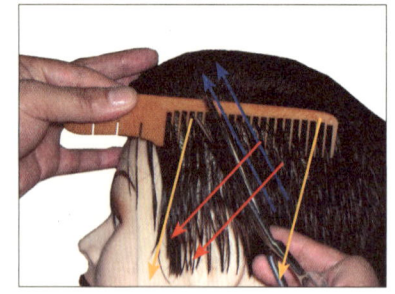

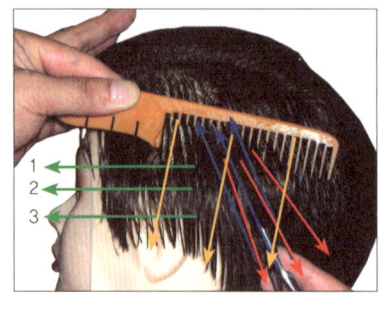

이번 사진은 귀의 뒷부분을 정리하는 방법이다. 가위는 역시 밑에서 끝을 사진처럼 세워서 밑에서 위 방향으로 벌려 모발 사이에 넣은 뒤 가위를 닫고 화살표 방향으로 내려온다. 이때 가위의 끝은 꼭 들어주어 모발의 양을 적게 조절하는 것이 요령이다. 모발의 양을 조절하고 깊이를 정할 때는 모발 길이의 절반 정도가 적당하다. 가마나 가르마 부분의 모발은 절반을 넘어가면 뜨는 현상을 만들기 때문에 안 되지만 나머지 부분은 사선처리를 하면 되므로 괜찮다. 녹색 화살표는 숱가위를 정리할 때의 시술 순서인데 중간부분에서 밑으로 내려오면서 하는 것이 요령이다.

숱가위 우측두부 시술방법

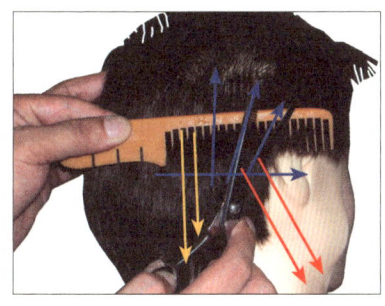

숱가위로 시술할 때는 모발 전체를 절삭하지 않는 다. 모발은 필요한 것과 불필요한 것으로 갈리는데 필 요한 모발은 놔두고 불필요한 모발은 숱가위로 정리해 두 모발이 같이 어울리도록 만들어주어야 한다. 시술 자는 모발을 시술함에 있어서 이 두 가지의 모발을 구 별할 줄 알아야 한다.

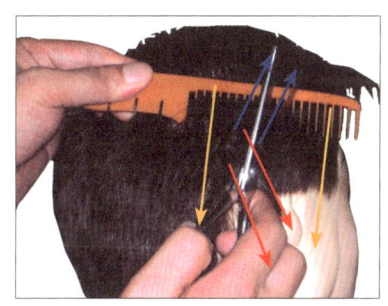

위 사진은 후두부를 지나 우측두부로 넘어가는 우 측 귀 뒤 모양이다. 좌측두부와 같은 방식이지만 가위 의 자세가 바뀌어 있다. 좌측은 좌측으로 가위가 가고, 우측은 우측으로 가위가 가게 되어 있다. 숱가위를 시 술함에 있어서 기본인 포인트 숱가위를 하지 않는 이 유는 모발을 조금 더 자연스럽게 하기 위해서는 사선 으로 처리하면 더욱 모발을 자연스럽게 하기 때문이다.

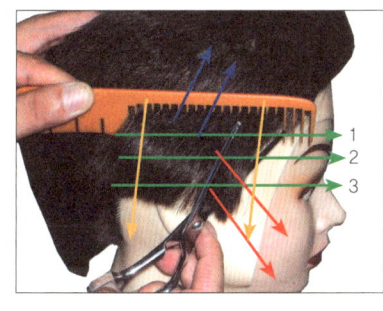

귀의 뒷부분이 정리되면 귀 위의 모발도 같은 방법 으로 정리해주고 귀 앞의 모발 역시 같은 방법으로 한 다. 여기서 주의할 부분은 모발을 전부 정리하는 것이 아니라 무거운 부분을 정리해주는데 이때는 뿌리부분 의 모발 지점까지 정리해도 무방하다. 앞 장에서도 얘 기했듯이 모발을 시술하는 순서는 녹색 화살표처럼 중 간부분에서 밑으로 내려가며 순차적으로 한다.

숱가위 후두부 시술방법

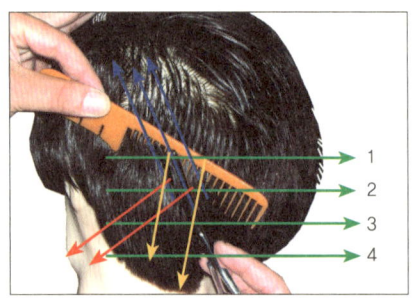

좌측을 하고 나서 좌측 귀 뒤의 모발을 거쳐 후두부로 넘어오는 장면이다. 녹색의 화살표처럼 위에서 아래로 순차적으로 시술하며 내려온다. 화살표 방향으로 가위와 빗의 진로를 확실하게 인지하고 시술한다. 이 방식으로 좌측의 귀 뒤를 지나 후두부도 같은 방법으로 시술해준다.

가마부분의 숱가위 시술 장면이다. 가마부분은 가위 끝이 깊이 들어가면 모발이 뜨는 현상을 만든다. 따라서 가마밑이 아닌 가마와 후두부 부분의 중간지점이라고 생각하면 될 것이다. 이 부분의 모발을 숱 정리 해주면 모발이 뜨는 현상을 방지하고 가라앉게 하는 효과가 있다.

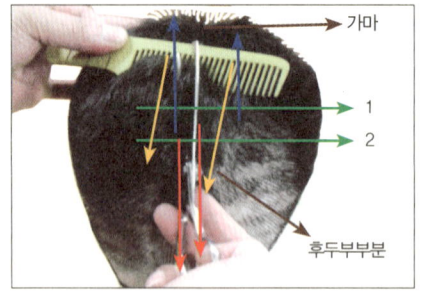

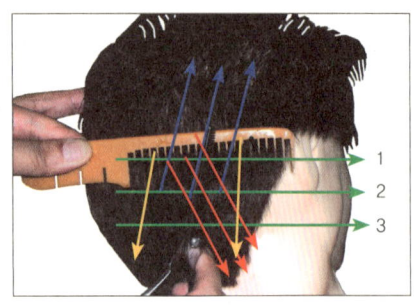

이 사진은 후두부를 시술하고 넘어오다 우측 귀 뒷부분의 숱처리 장면이다. 앞 장에서와 같은 방식으로 시술을 하고 녹색의 화살표를 따라 꼭 위에서 아래로 내려가며 시술한다. 가위는 언제나 벌린 상태에서 밑에서 들어가게 하고 가위가 닫힌 상태에서 화살표 방향으로 빼내어준다. 가위의 날이 좋지 않은 경우에는 모발을 가위가 집을 수 있으므로 가위 선정에도 신중을 기한다.

숱가위 두정부 시술방법

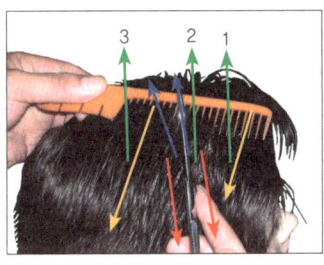

모발은 사진에서처럼 단정히 빗은 상태가 좋다. 숱가위가 들어가는 방법은 앞 장에서처럼 모발 사이로 동날이 들어가서 가위를 개폐하면 동날이 모발을 들어올리면서 숱 정리를 하게 된다. 세워잡기 자세는 바로잡기 자세와는 달리 정날은 고정자세이고 동날의 움직임으로 모발을 정리한다.

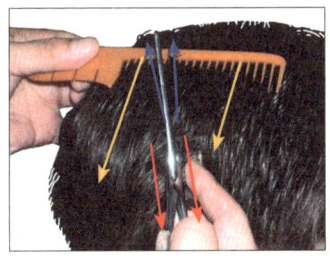

1, 2, 3번의 순서로 시술하며 가마부분 전까지 시술한다. 두정부의 숱가위 처리는 모발 길이의 절반을 넘겨서는 안 된다. 모발 길이의 절반을 넘게 되면 모발이 뜨는 현상을 초래하기 때문이다. 숱가위가 시술하고 내려올 때 꼭 빗도 같이 내려와 모발을 가지런히 정돈한다.

가르마 쪽에서의 시술방법이다. 빗으로 모발을 밀면서 숱가위가 빗 위에 있을 수도 있고, 빗 밑으로 들어갈 수도 있는 장면이다. 그때그때 상황에 따라 시술이 달라지는데 모발의 무거움이 심할 때는 빗 밑으로 숱가위가 들어가고, 모발이 가벼울 때는 빗 위로 숱가위를 올려 시술한다. 사진처럼 가르마 쪽은 시술을 해서는 안 된다.

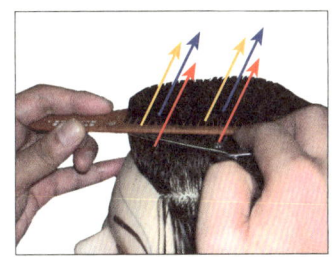

가르마 부분에서 숱가위의 시술은 빗과 숱가위가 같이 움직이며 한 방향으로 나아가게 한다. 시술을 하고 나면 꼭 빗질도 같이 해주어야 하는데 시술을 했는데 빗질을 하지 않으면 시술을 했는지 안했는지 구분이 안 되기 때문이다.

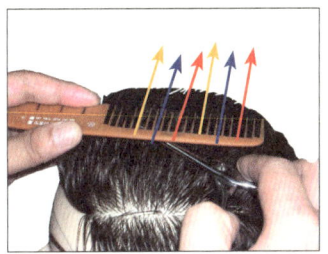

숱가위 앞머리 시술방법

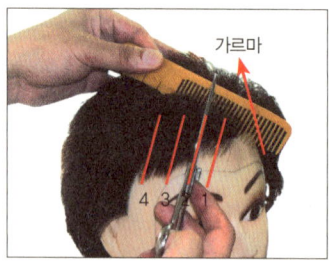

앞머리의 숱가위 처리방법이다. 여기에서 주의해야 할 점은 숱가위가 두피 쪽으로 깊이 들어가지 않게 하는 것이다. 앞머리의 모발이 감소되어 이마부분이 훤히 들어날 수 있기 때문이다. 두정부, 측두부, 후두부는 깊이 들어가게 되더라도 당장은 표가 나지 않지만 앞머리는 위험요소가 있다.

가르마부분에서 귀앞머리까지 이마를 덮고 있는 모발 모양을 앞머리부분이라고 정의할 수 있다. 파란색의 순서대로 2cm 간격으로 화살표 방향으로 사선 처리해준다.

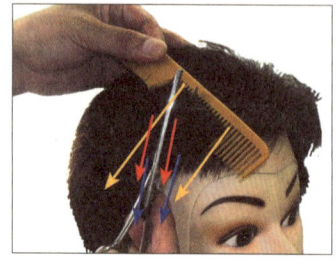

귀앞머리 부분의 모양인데 이곳에선 숱 처리 부분을 좀 더 신경써야 한다. 남성들의 앞머리는 이 부분이 귀 윗머리에 앞머리가 걸쳐지며 모발이 넘어가야 모양이나 균형이 맞게 된다. 하지만 앞머리의 모발이 길면 귀 윗머리에 앞머리가 얹히는 요소가 나올 수 있으므로 모발의 길이를 잘 맞추어야 한다.

위에서는 넓은 쪽의 앞머리 처리를 알아봤다. 이 사진은 좁은 쪽의 가르마 부분이다. 남성들의 경우는 가르마를 가르지 않는다고 하는 사람들도 상당수 있다. 가르마를 가르지 않더라도 모발의 손질을 위해서 앞머리 부분이 중요하다. 모발의 간격을 2cm로 하고 모발 끝에서 절반을 넘지 않은 상태로 처리하여 자연스러움을 연출해준다.

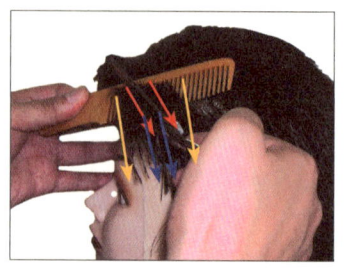

연습 1일

잘려야 할 모발/잘리지 말아야 할 모발

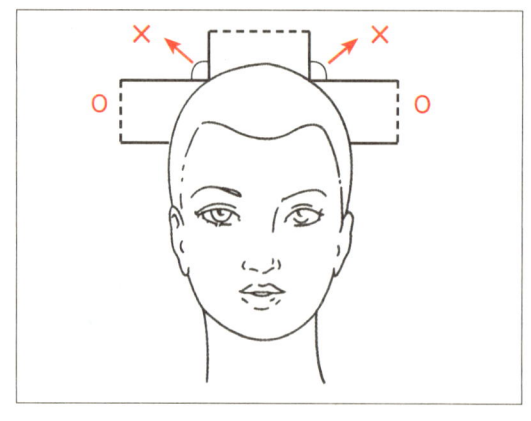

옆사진에서 보면 ○와×표가 있다 ○는 잘라도 되지만 ×는 자르면 안 된다. 사람의 두상의 구조는 사각형의 구조를 가지고 있다. 사진에서의 시술 모양도 역시 사각형의 구조를 토대로 하고 있으므로 두정부는 모발을 수직으로 들어올려 절삭하고 측두부는 수평으로 모발을 잡아내어 절삭한다. ×는 사각지대 부분으로 이 부분은 화살표 방향으로 잡아내지 않는데, 두정부로나 측두부로 모발이 절삭되기 때문에 일부러 모발을 잡아내지 않아도 된다.

두정부나 후두부의 모양도 역시 잘라야 할 모발과 자르지 말아야 할 모발로 구분된다. 두정부의 가마 앞 모발을 사진처럼 10° 정도 당겨서 절삭을 하고 후두부는 모발을 수평으로 잡아내어 절삭한다. 스타일 커트에서는 커트 방법이 변화가 있지만 커트의 기본인 상고에서는 이 모양이 당연한 것이다. 모든 헤어스타일

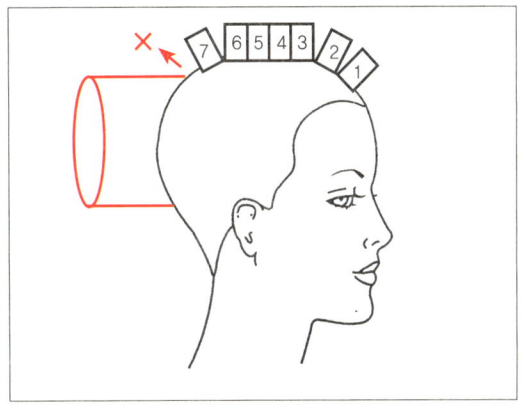

에 있어서 상고 스타일은 커트의 교본이다. 상고 스타일에서 모양이 수백 가지로 가지가 뻗어가는 것이다. 다시 사진으로 돌아가서 측두부나 후두부 부분의 모발을 수평으로 잡아내는 이유는 수평으로 모발이 절삭되면 층이 없는 무층의 모양을 만들 수 있기 때문이다. 기본에서는 층이 없는 스타일을 만들 줄 알아야 층을 쉽게 만들 수 있다. 층을 만드는 모양만 배운 사람들은 무층을 만들지 못하는데, 층이 없어야만 헤어스타일이 차분해진다.

두정부 기장커트 가위 자세

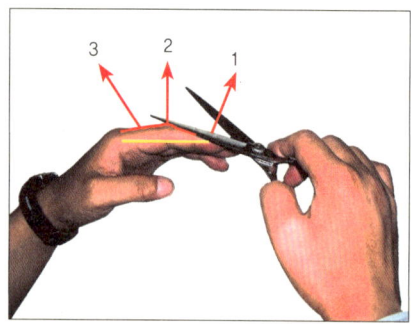

사진에서 보듯이 가위를 잡은 손은 세워잡기를 한 상태이다. 왼쪽 손은 손가락 끝과 끝을 수평으로 한 상태에서 손가락을 약간의 곡선(⌒)으로 만들어준다. 사진처럼 손톱 쪽에 가위날을 붙이면 가위 끝은 사진처럼 세워지게 된다. 가위를 손가락에 대고 자르는 시작점이 1번이다.

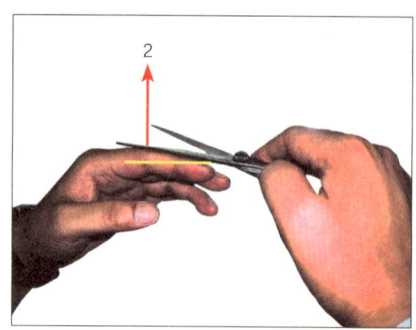

사진에서 보면 가위의 중간 날 부분이 2번 위치에 있다. 가위를 손톱 쪽에 먼저 대고 가위날을 닿으면서 손가락 등을 따라가며 모발을 잘라나간다.

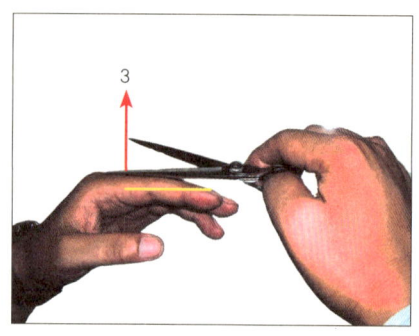

위 사진부터 아래 사진까지 하나의 연결로 본다면 사진에서처럼 가위날의 끝은 손등 쪽에 오게 된다. 한번의 동작으로 연결하듯이 커팅을 해야 모발이 깨끗하게 잘린다. 시작은 가위 협신부의 부분이 손톱 쪽의 손가락에 붙고 마지막에 가위날의 끝 부분이 손등 쪽의 손가락 끝에 붙게 된다.

측두부, 후두부 기장커트 가위 자세

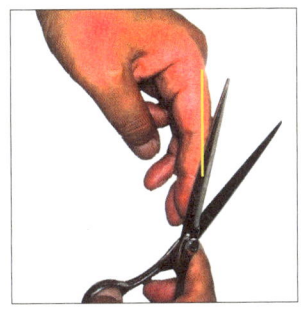

　사진의 모습은 세워잡기인데 왼손은 두정부 자세를 세로로 세워놓은 것이다. 이 역시 가위의 끝은 손가락과 떨어져 있는 것을 알 수 있다. 몸통 쪽의 가위는 손가락 끝에 걸쳐 있는 상태다. 손가락의 자세는 수평선처럼 약간의 곡선미를 가지고 있어야 한다.

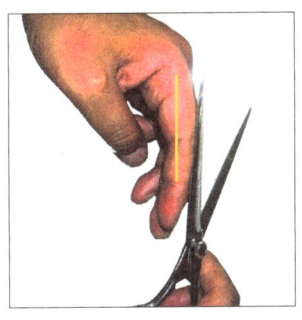

　이번 사진은 위의 사진에 이은 모발을 연속적으로 잘라내는 장면이다. 손가락 끝 부분에 붙어 있던 가위가 이번 사진에선 가위날의 중간 부분에 붙어 있다. 가위로 모발을 절삭하는 데 있어서 자세가 중요하다. 손가락의 자세를 보면 팔의 위치를 알 수 있는데 영상에서 자세도 자세히 보기 바란다.

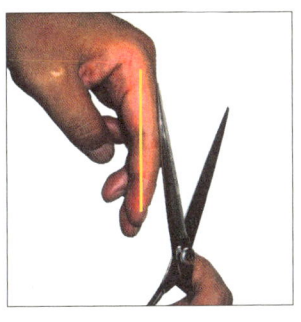

　제일 위의 사진과 지금의 사진을 보면 정반대의 상황이다. 위의 사진은 가위의 몸통이 붙어 있는 반면, 이번 사진은 가위의 날끝이 손가락에 붙어 있다. 위의 사진부터 연속적으로 모발을 한번에 절삭하면 사진과 같은 모양이 나오게 된다. 사진에서처럼 손가락은 세로 수직이 되어야 한다.

두정부 기장커트 해설

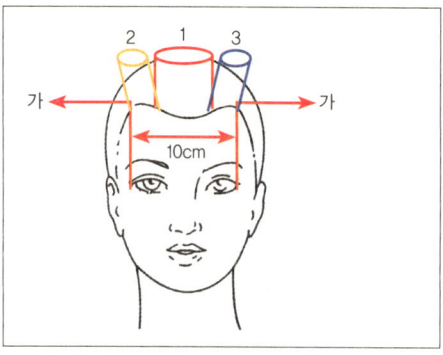

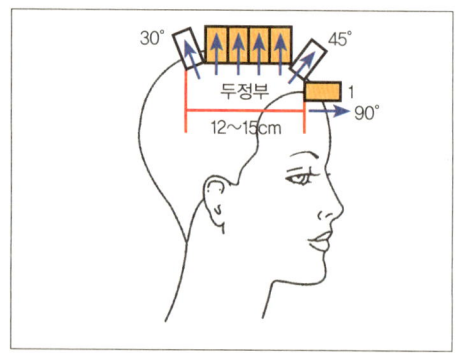

위의 사진은 두정부를 앞에서 본 모습이다. 두정부를 절삭할 때 기준을 먼저 잡는 것이 중요하다. 좌측 눈꼬리에서 우측 눈꼬리까지의 평균 길이가 10~12cm 정도 된다. 이 길이를 한두 번에 절삭한다는 것은 무리다. 따라서 세 번에 나누어서 절삭을 하는데 사진에서처럼 1~3번으로 구획을 정한다. 그럼 중앙의 코부분이 기준점인 1번이 되고 왼쪽 눈 위가 3번, 오른쪽 눈 위가 2번이 된다. 중앙 부분인 1번을 앞장에서 얘기한 대로 가위자세와 절삭의 자세대로 모발을 빗으로 뿌리에서부터 수직으로 들어올려 절삭한다. 그런 다음 왼쪽 눈 위의 3번은 수직이 아닌 사진의 1번의 위치에서 10° 정도 왼쪽으로 모발을 기울여서 절삭한다. 그 다음 2번의 오른쪽 모발 역시 오른쪽으로 10° 기울여 절삭한다.

이번 사진은 측면에서 본 두정부의 절삭 모습이다. 모발을 빗으로 잡아내는 양은 2cm 정도로 빗으로 모발을 뿌리에서부터 빗어내어 절삭한다. 두정부는 앞머리에서 가마부분까지의 길이가 평균 12~15cm 정도 된다.

그럼 7번 정도의 구획으로 나뉘는데 사진처럼 6~7번 정도의 구획을 절삭한다. 그럼 시작점인 1번의 앞머리부분은 사진에서처럼 자신과 90°로 모발을 잡아내어 절삭하게 된다. 다음 2번은 45°로 모발을 잡아내어 절삭하게 되는데, 3번부터 5~6번까지는 사진처럼 모발을 수직으로 잡아내어 절삭하는 것이 바른 자세다. 마지막 7번은 가마 바로 전의 모발인데 이 모발은 30° 정도로 사진처럼 당겨 절삭한다. 모발을 절삭할 때는 이렇게 연결이 자연스러워야 하며 다음은 눈 윗부분으로 넘어가 같은 방식으로 절삭한다.

측두부 기장커트 해설 1

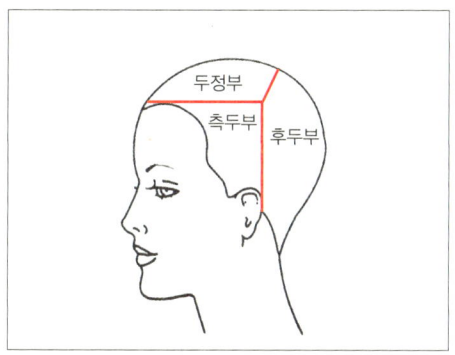

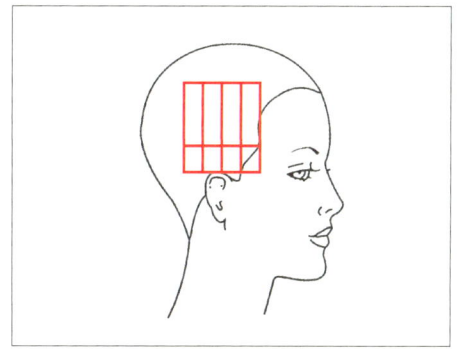

앞 장에서는 두정부를 알아봤다. 두정부와 후두부는 넓은 반면 측두부는 그 폭이 넓지 않다. 사진의 E.P에서 G.P까지 보는데 남성 커트에서는 귀 뒤까지 보는 것이 맞다. 적은 양이지만 상당히 중요한 자리를 잡고 있다. 두정부를 시술하고 나면 측두부를 시술해야 하는데 왼손잡이는 왼쪽부터 시작하고 오른손잡이는 오른쪽부터 시작한다. 측두부의 모발은 사진에서처럼 귀앞모발부터 수평으로 잡아내어 절삭한다. 하지만 귀 앞의 처음 시작하는 모발은 기준자세에서 45° 앞으로 잡아내어 절삭한다.

사진에서 보면 모발의 모양은 수평을 이루고 있다. 이렇게 모발을 수평으로 모발뿌리에서부터 빗으로 잡아내어 절삭한다. 칸의 넓이는 2~3cm가 적당하며 너무 많은 양을 잡으면 모발이 가위날에 밀려 한번에 절삭하기가 쉽지 않다. 모발을 절삭할 때는 한번에 해주고 다음 칸으로 연결하듯이 절삭해 나간다. 사진의 빨간 선 밑이 짧은 모발일 때는 잡을 모발이 없으므로 빨간 부분의 모발을 잡아내는데 모발을 손가락에 잡아낸 길이는 3~4cm 정도밖에 않아 한번에 절삭하기가 좋다. 좀더 자세한 것은 다음 장에서 알아보자.

측두부 기장커트 해설 2

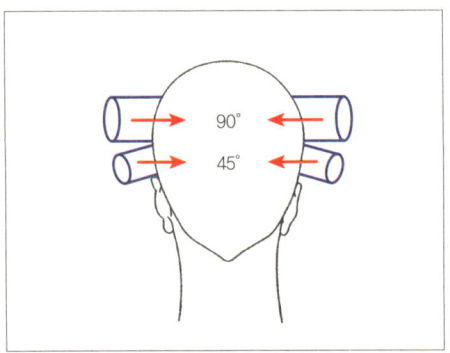

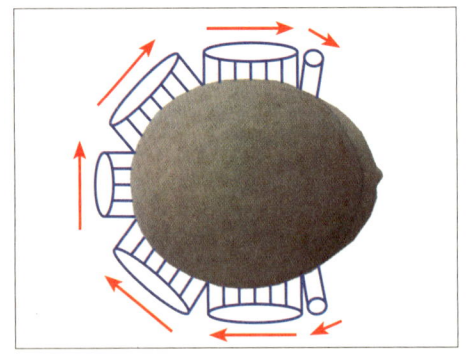

이번 장도 측두부의 시술방법이다. 측두부를 시술할 때는 사진에서처럼 오른쪽에서 시작하는데 스타일 커트를 할 때는 귀 위의 모발을 한 번 더 잡아야 한다. 귀 위의 모발이 귀를 덮고 있는 경우가 많은데 사진에서처럼 45°로 빗으로 모발을 잡아낸 후 시술한다. 측두부의 시술은 기본인 상고 커트를 할 경우에는 귀 위의 모발을 잡을 필요가 없다. 이유는 클리퍼로 귀 위의 모발을 잘라냈기 때문이다. 귀 위의 모발이 짧아 손가락으로 모발을 잡지 못하는데, 기본 상고 커트를 할 때는 90°로 모발을 수평을 이루도록 빗으로 잡아낸다.

위의 사진은 위에서 내려본 두상이다. 측두부의 모양과 후두부의 모양인데 모발을 드러내는 방향과 시술하며 가는 방향이다. 우측 앞 모발에서 시작해 후두부를 지나 좌측 앞 모발까지 가는데 모발을 다 세워놓으면 사진처럼 부채꼴의 모양이 된다. 시술은 화살표 방향으로 돌아가며 한다. 모발을 빗으로 잡아낼 때는 가로 수평으로 잡아내고 모발이 수평에서 위로 가거나 밑으로 가게 하지 않는다. 그런 경우는 스타일 커트에서 알아보기로 한다.
머리 모양은 위의 자세가 기본이라 할 수 있다. 좀 더 자세한 해설은 뒤쪽에서 알아본다.

후두부 기장커트 해설

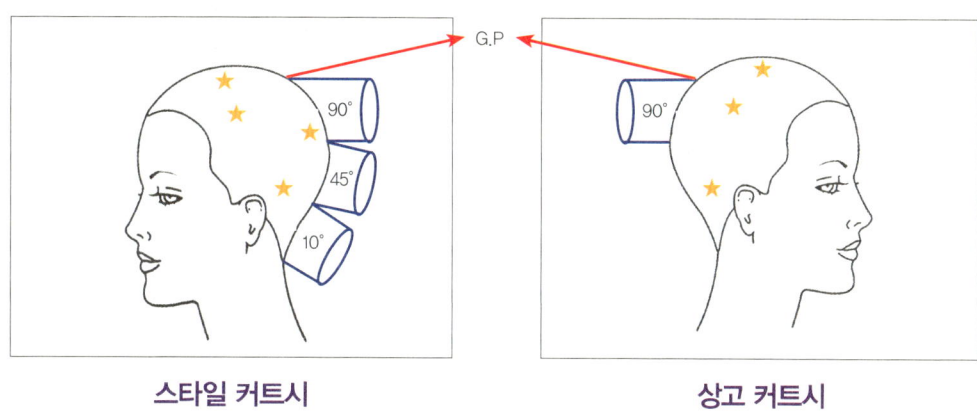

스타일 커트시　　　　　　　　**상고 커트시**

　　스타일 커트를 할 때 후두부 부분의 모발은 사진에서처럼 후두부 중앙은 90°로 수평으로 잡아내어 절삭하고 중앙의 밑모발은 45°로 모발을 잡아내어 절삭한다. 그리고 후두부 밑 부분 모발은 0~10°로 잡아내면 된다. 스타일 커트에서는 후두부 밑 부분의 모발을 자연스럽게 처리하기 때문에 모발이 길다. 기본인 상고 커트를 할 때는 후두부 중앙만 처리하면 된다. 후두부 밑 부분 모발을 클리퍼로 시술했으므로 밑 부분이 짧아 굳이 모발을 잡으려 해도 잘 잡히지 않을 뿐더러 새로 클리퍼 시술을 할 것이기 때문이다. 중앙의 모발을 시술할 때는 사진에서처럼 90°로 잡아내어 시술하는 것이 바른 시술방법이다.

　　*앞서도 이야기했듯이 두상은 사각형의 기조를 띠고 있다. 두상의 형상은 보는 이에 따라 달리 보일 수도 있고 둥그렇게 보일 수도 있지만 시술을 할 때의 기조는 사각형으로 알고 있어야 한다. 자신들의 두상을 만져봐도 좋은데, 측두부에서 두정부로 올라가다 보면 뛰어나온 곳이 있다. 그곳이 사각지대인데 사각지대 부분을 놓고 두정부와 측두부로 나뉘는 것이다. 그리고 사진의 별표 자리는 돌출이 있다. 두골의 형상 중 돌출된 곳이 있는데 바로 이 부분들이다. 이곳은 시술시 주의해야 한다.

연습 2일

클리퍼를 빗에 붙이는 방법

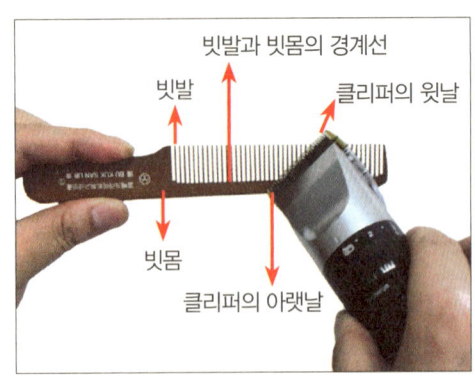

빗발과 빗몸의 경계선

빗발

클리퍼의 윗날

빗몸

클리퍼의 아랫날

클리퍼라는 도구는 자르는 기능밖에 없다. 자르는 기능을 완충하는 것이 빗이다. 사진에서 보면 빗은 수평으로 놓여 있고, 클리퍼의 날은 빗발에 붙어 있다. 빗에 클리퍼를 붙일 때는 사진처럼 비스듬히 붙이는 것이 좋다. 세워서 붙이면 클리퍼의 날이 빗발을 긁기 때문이다. 클리퍼의 아랫날은 빗몸에 붙여주어야 바른 자세이다.

클리퍼를 빗에 붙인 후에는 클리퍼의 진행을 해야 한다. 사진에서 클리퍼의 아랫날은 빗몸에 붙이고 윗날은 사진처럼 10° 정도 벌려 준 후 사진의 화살표 방향으로 클리퍼 시술을 한다. 시술할 때는 빗끝에서 안까지 가는 것이 아니라 3~4cm 정도의 모발을 절삭한다.

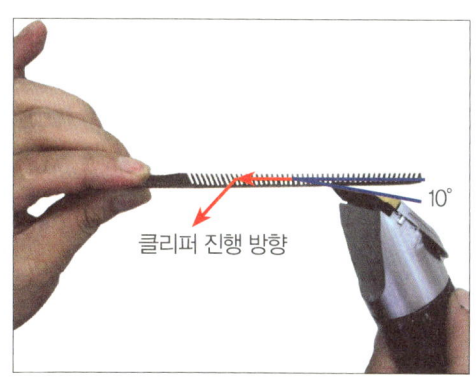

클리퍼 진행 방향

10°

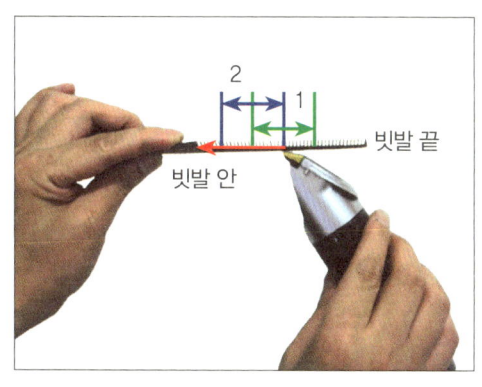

2

1

빗발 끝

빗발 안

클리퍼를 진행할 때는 사진에서처럼 빗발의 끝에서 시작하는 것이 아니라 녹색의 1번인 중앙에서 중앙으로 시술하든지 아니면 파란색 2번 중앙에서 빗발 안으로 시술을 해야 한다. 빗발 끝에서 시술하려다가 빗 밑으로 클리퍼가 들어가게 되어 모발이 절삭되면 스타일에 영향을 주게 된다. 실수를 하지 않으려면 안전한 시술방법을 선택해야 한다.

클리퍼 두피 시술방법

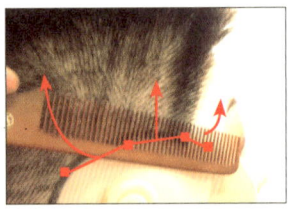

사진에서 보듯이 빗의 경계선에 모발의 시작선을 붙이는 것이 기본이다. 그 이유는 모발은 자라서 밑으로 내려오기 때문인데 빗발 속에 모발을 집어넣는 것이 우선이다. 클리퍼 시술의 시작은 역시 오른손잡이는 오른쪽에서, 왼손잡이는 왼쪽에서 시행한다. 1~3번까지의 선이 있는데 1번은 귀 앞의 자세이고 수평에서 빗이 사선으로 되어 있다. 이 경우는 사선의 빗을 수평으로 만들어준 후 빗이 올라가는데 2번은 빗이 수평이기 때문에 그냥 위로 올라가면서 시술하고 3번 역시 빗이 사선으로 있으므로 빗을 수평으로 맞추면서 위로 올라가며 시술한다.

후두부 부분에 빗을 붙이는 자세이다. 사람들의 머리 모양은 남자나 여자나 거의 비슷하다. 모류의 차이가 많이 나고 모발의 길이 역시 많은 차이가 있지만 후두부 밑부분의 차이는 평평함을 이루고 있다. 따라서 빗 역시 평평하게 자세를 잡고

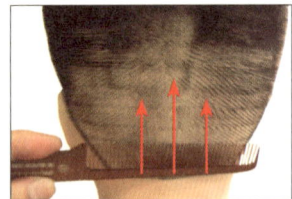

시술하며 위로 올라간다. 사람들의 모발은 앞에서 뒤로 넘어가는 것이 아니라 중력을 영향을 받기 때문에 위에서 아래로 내려오는 것이 일반적이다. 하지만 모류가 역행하는 것이 있기 때문에 시술을 하는 데 있어서 모발을 빗으로 잘 잡아내어 해야 한다.

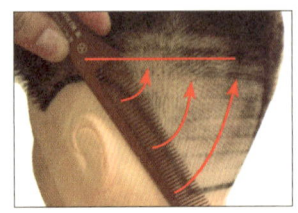

우측두부에서 후두부로 넘어올 때나 후두부에서 좌측두부로 넘어올 때 빗이 사진처럼 수평에서 45° 정도로 사선으로 되어 있다. 이 사진은 후두부에서 좌측면으로 넘어가는 자세이다. 이 경우는 빗끝이 밑에 있다. 그러므로 우측두부에서 후두부로 넘어올 때는 빗을 잡고 있는 손이 밑으로 오게 된다. 그러면 사진의 화살표처럼 빗을 수평으로 만들어야 하는데 우측두부의 빗을 잡고 있는 손이 올라오면서 빗을 수평으로 만들어주어야 한다. 좀 더 빗이 올라가는 자세는 다음 장에서 알아보자.

클리퍼로 시술하며 빗을 올리는 방법

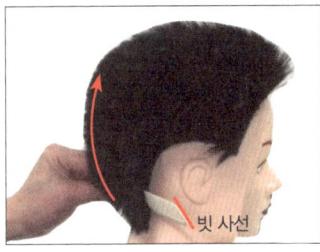

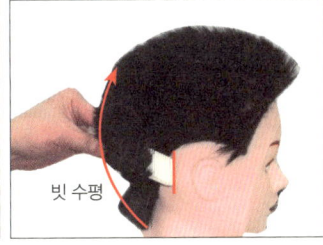

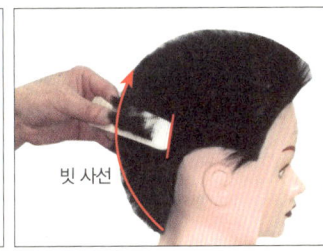

후두부 밑모발에 사진에서처럼 빗을 붙인 후 빗발만 세워준다. 그 후 화살표를 따라 빗이 올라가며 시술한다.

밑모발을 시술하고 올라오면서 자르고자 하는 부분의 중간부분에 빗을 사진처럼 수평이 되도록 댄다.

빗을 사선으로 올려 수평으로 만들면서 모발을 클리퍼 시술하며 수평된 빗의 바로 위 2cm 지점에서 멈춘다.

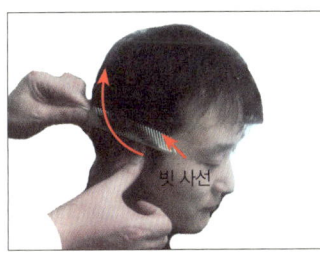

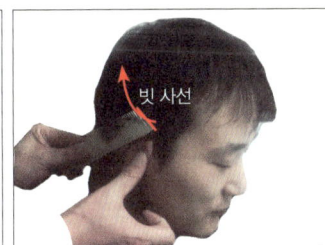

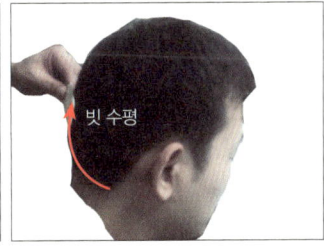

측두부에서 사진처럼 손가락으로 귀를 살며시 내려주면서 빗이 들어가서 두피에 빗몸을 붙이며 빗발을 세워준다.

귀 뒷부분은 손가락으로 귀를 내려주고 빗을 두피에 붙인 후 빗발을 사진처럼 세워준다.

빗발을 세워 밑모발부터 시술해 올라오다 사진처럼 빗이 수평을 이루어야 한다.

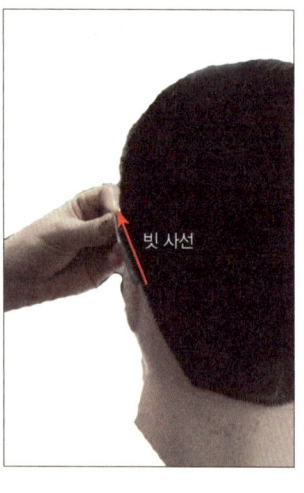

빗 사선

뒤에서 본 측두부의 시술 모습↑

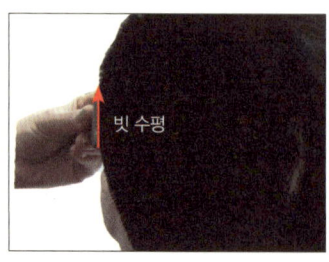

빗 수평

옆 사진에서 측두부의 모발을 밑에서부터 시술해 올라오면 빗의 중간부분은 꼭 위의 사진처럼 수평으로 만들어야 한다. 자연스럽게 하기 위해서이다.

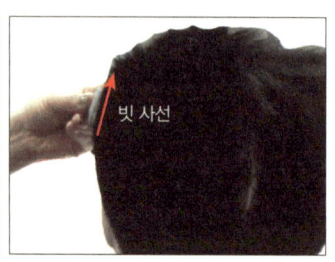

빗 사선

중간부분의 빗이 수평을 이루도록 빗을 올려주고 나서 사진처럼 다시 돌아나가는데, 이렇게 빗이 수평을 이루고 나면 2cm 정도만 더 올라간다.

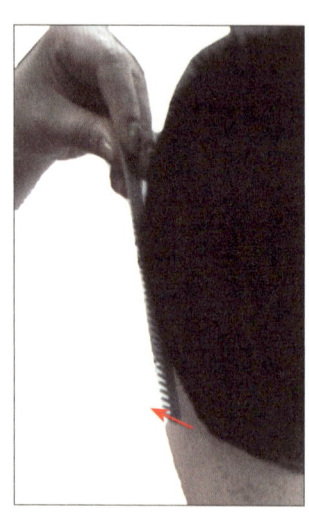

뒤에서 본 귀 뒷부분 시술 모습↑

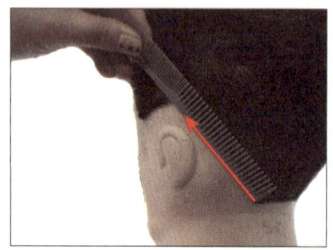

측두부다. 후두부는 시술해야 하는 양이 2~3cm 정도라고 했다. 하지만 귀 뒷부분의 밑모발은 사진의 사각형에서 사각형까지 한번에 절삭해도 무방하다.

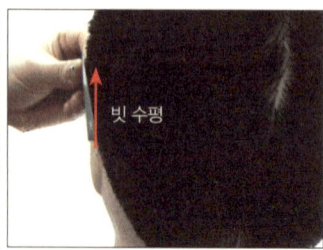

빗 수평

다시 한 번 강조하자면 밑모발을 자르기 위해 빗을 두피에 붙이는 것은 밑모발을 빗발로 잡아내기 위해서인데 빗으로 모발을 밀면서 잡아내는 것이 아니라 빗을 붙인 후 모발을 잡아내야 한다.

클리퍼 후두부 밑모발을 처리하는 방법

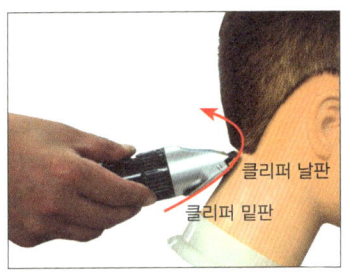

클리퍼 날판
클리퍼 밑판

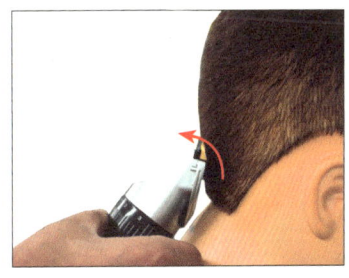

클리퍼 시술을 할 때는 두 가지 작업으로 나뉜다. 한 가지는 깨끗하게 할 때의 상황이고 다른 하나는 단정하게 할 때의 상황이다. 깨끗하게 한다는 것은 밑모발이 없이 클리퍼로 밀어 일명 하이칼라 스타일을 의미하고 단정하게 한다는 것은 밑모발을 싱글링한 것처럼 단정하게 만드는 것을 의미한다. 사진에서 보면 클리퍼날은 각을 이루고 있다. 밑판을 두피에 붙이는 것이 아니라 날판을 두피에 붙인다. C컷으로 한번에 화살표 방향으로 시술한다. 아래 사진의 클리퍼 라인은 저자가 임의로 정한 것이기 때문에 C컷을 할 경우에는 손님의 의사를 먼저 알아야 한다.

클리퍼로 밑모발을 확실하게 정리하기 위해서는 한번에 시술을 해야 한다고 했다. 먼저 중앙부분 밑모발의 클리퍼 라인을 정하고 정한 클리퍼 라인에 맞추어 클리퍼를 C컷 하여 그 기준점을 만들어야 좌측 밑모발이나 우측 밑모발을 기준에 맞추어 할 수 있다. 클리퍼 시술을 할 때 클리퍼의 날로 긁는 경우가 있는데 사람의 피부를 긁게 되면 부작용을 초래할 수 있다. 따라서 클리퍼의 날로 긁기보다는 위의 방식으로 모발을 잘라내면 위험요소를 만들지 않기 때문에 안전하게 시술을 할 수 있다.

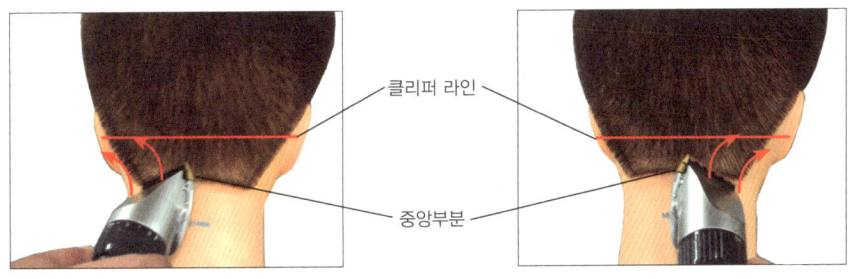

클리퍼 라인
중앙부분

위 사진에서 클리퍼로 밑부분의 중앙부분 기준을 정하는 것을 했다. 그러면 사진에서처럼 좌측의 밑모발을 처리해야 한다. 클리퍼 라인에 맞추어 중앙에서 좌측으로 클리퍼를 돌리면서 역시 C컷 처리한다.

좌측 밑모발의 클리퍼 처리를 했으면 이제 위의 사진처럼 우측 밑모발의 클리퍼 라인 처리를 한다. 이 역시 클리퍼를 중앙에서 우측으로 돌리면서 C컷 처리한다. 다음 장에서는 측두부의 처리방법을 알아본다.

클리퍼 측두부 밑모발을 처리하는 방법

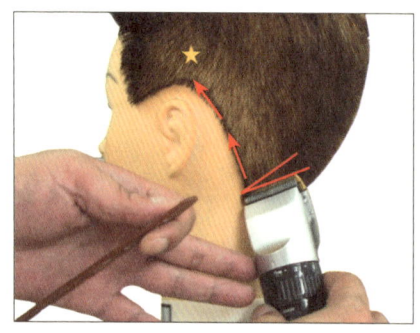

앞 장에서 이야기했듯이 평균적으로 손님들은 '시원하게', '깨끗하게', '단정하게'라고 주문을 많이 한다. '시원하게'의 의미는 밑모발을 4~5cm 정도 클리퍼 처리하는 것을 의미한다. '깨끗하게'는 밑모발을 2~3cm 정도 처리하는 것이고, '단정하게'는 밑모발을 1cm만 처리하는 것이다. 측두부와 후두부의 균형은 1 : 2 비율이라고 생각하면 된다. 두정부에서 측두부 귀 위 모발까지의 길이가 10이라고 하면 두정부에서 후두부 밑모발까지는 20으로 보면 된다. 이것이 모양의 균형미다. 하지만 시술시에 균형은 후두부의 밑모발이 1cm 정도 짧아야 한다는 것이다. 후두부의 밑모발을 5cm 클리퍼 처리했다면 1 : 2 비율에서 측두부는 2.5cm를 해야 하지만 정작 2cm만 시술을 해야 한다. 그 이유는 후두부 밑모발이 측두부보다 1cm 짧아야 하기 때문이다. 후두부 밑모발을 1cm 클리퍼 처리를 했다면 측두부는 클리퍼 처리를 하지 않는다는 것을 명심하자.

후두부에서 클리퍼 라인을 잡고 나면 측두부로 넘어오게 되는데 클리퍼의 밑날을 사진에서처럼 밑모발에 붙이고 클리퍼의 윗날은 뜨게 한다. 그러면서 사진의 화살표 방향을 별표까지만 클리퍼 라인 처리한다. 사진은 좌측두부이지만 우측두부 역시 같은 방법으로 처리한다. 좌측두부에서는 클리퍼의 날이 밑날이었지만 우측두부에서는 클리퍼의 윗날이 아래로 내려오게 된다. 위의 사진

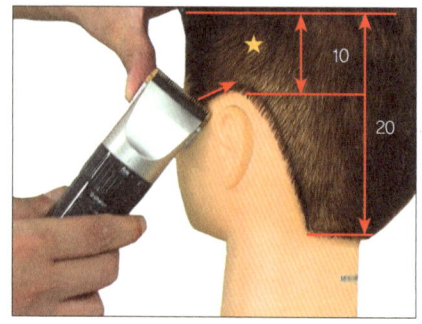

처럼 좌측두부를 별표까지 클리퍼 라인 처리하고 나서 귀 앞과 귀 위의 모발을 사진에서처럼 귀 앞에서 클리퍼 날을 사선으로 붙이고, 별표까지 클리퍼 라인 처리한다. 우측두부도 역시 같은 방법으로 한다.

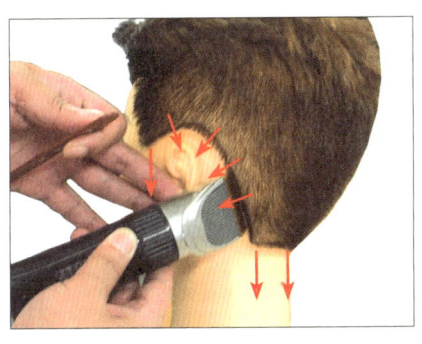

클리퍼 라인 처리를 하고 나서 밑라인의 구분을 명확하게 해야 한다. 클리퍼를 사진처럼 거꾸로 잡고 라인에 클리퍼의 날을 맞추고 화살표 방향으로 모발의 잔털을 정리해준다. 후두부 밑부분의 모발 라인도 역시 같은 방식으로 잔털을 정리해준다. 클리퍼 시술 후 잔털 정리를 꼭 해주어야 밑머리 라인의 모양이 살아나게 된다. 후두부에서 측면으로 넘어가는 밑라인, 그리고 귀 부분의 라인 역시 클리퍼로 정리해준다.

사진의 프로클리퍼보다는 토끼클리퍼가 잔털의 처리를 확실하게 하는데, 토끼클리퍼는 밑날과 윗날의 간격이 0.3mm정도밖에 되지 않기 때문에 잔털을 확실히 할 수 있다.

연습 3일

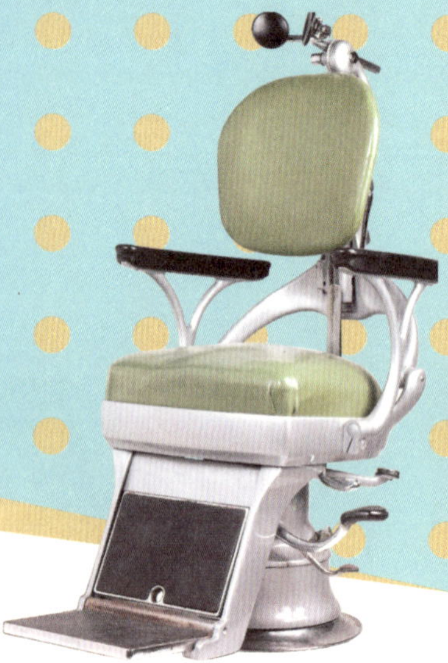

두피에 빗과 가위를 대는 방법

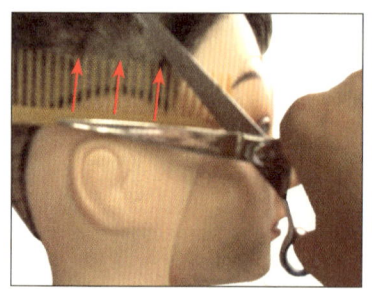

빗과 가위를 두피에 붙이는 방법은 클리퍼의 방법과 같다. 사진에서처럼 빗의 경계선은 모발 밑라인에 맞추고 가위를 빗의 경계선에 일자가 되게 맞춘다.

우측면의 귀 뒤 라인을 올리는 장면이다. 빗을 잡고 있는 손을 올려 수평으로 만들어서 잘리지 않고 남아 있는 모발을 정리하는 것이다.

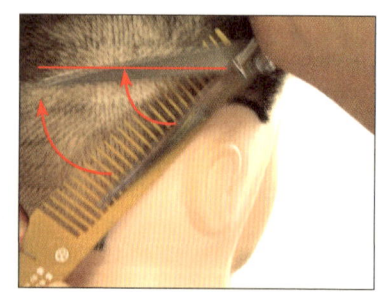

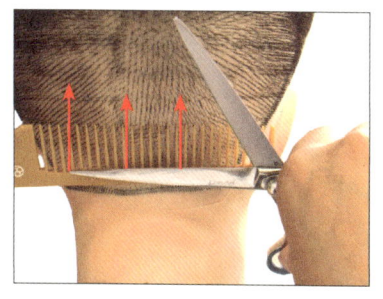

후두부 역시 모발 밑에서 빗을 두피에 붙여 가위를 빗과 일직선상이 되게 만들어주고 밑모발부터 자르면서 화살표 방향으로 올라가며 모발을 정리한다.

좌측두부 귀 뒤의 빗은 사진처럼 사선으로 되어 있는데 이때는 빗의 끝부분을 수평으로 만들어주면서 모발을 정리하며 올라온다.

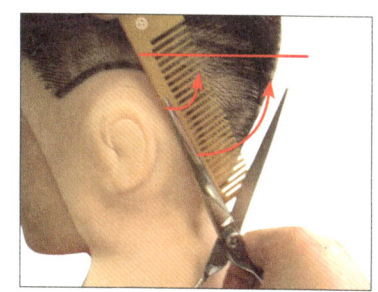

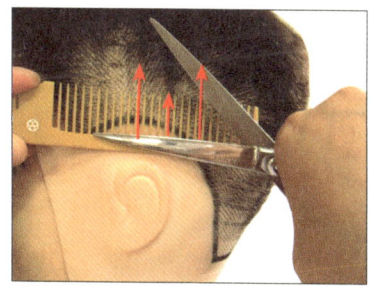

우측두부의 자세와 같다. 싱글링은 사진처럼 클리퍼 시술 후 자른 모발을 정리하는 의미도 있지만 가위 커트를 할 때도 사용된다. 클리퍼를 싫어하는 손님들도 있는데 이 경우는 클리퍼 시술시 밑모발을 많이 잘라내기 때문이다. 이럴 때는 가위로만 사진처럼 싱글링 시술을 한다.

귀앞모발(구레나룻)에 가위밥을 주는 방법

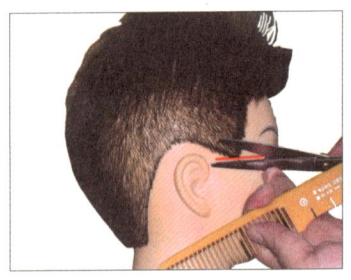

모발을 절삭하다 보면 귀앞모발 부분이나 귀 위에서 귀 뒤 등 가위로 모발의 밑라인을 마지막으로 정리해주어야 헤어스타일에 안정감을 줄 수 있다. 젊은 층은 스타일의 다변화로 인해 토끼클리퍼로 잔털 정리만 하면 되지만 중년층은 가위로 정리하는 것을 선호하는 편이다.

위 사진과 옆 사진처럼 가위밥을 줄 때는 한번에 일자로 라인을 잘라내야 한다. 빨간 선처럼 한번에 끊어주면서 깨끗한 라인을 만들어주는데, 왼손의 중지로 가위를 받쳐주고 가위는 사진처럼 기울여서 시술해야 실수의 여지가 없다.

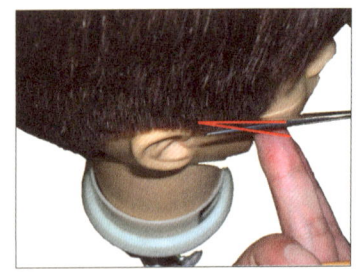

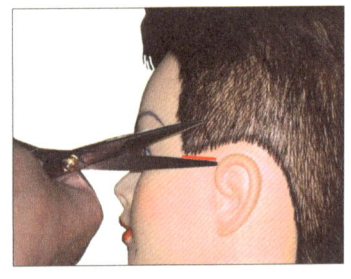

위 사진과 아래 사진은 위에서 잡은 모습인데, 가위의 아랫날을 두피에 붙인 상태에서 윗날은 모발과 떨어져서 가위가 내려가며 절삭한다.

＊TIP : 꺾어잡기는 바로잡기의 반대 자세이다.

위의 사진에서 우측두부는 세워잡기이고 좌측두부인 이 사진은 꺾어잡기이다. 귀 쪽에서 가위가 오지 않는 이유는 귀에 손상을 입힐 수 있기 때문이다. 커트를 할 때는 늘 안전을 먼저 염두에 두어야 한다.

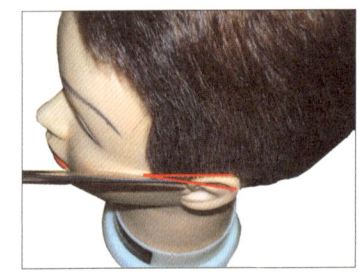

측두부 밑모발에 가위밥을 주는 방법

앞 장에 이어 측두부의 가위밥 주는 방법을 알아보자.

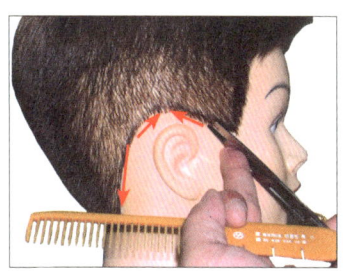

우측두부의 귀앞모발에 가위밥을 시술하려면 화살표를 따라 귀 위의 부분과 귀 뒤에서 후두부로 내려오는 라인을 따라 한다.

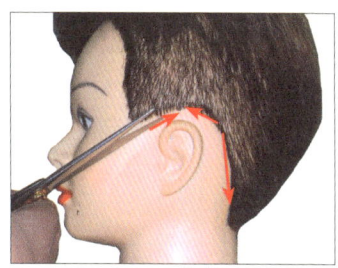

좌측두부의 귀앞모발에 가위밥을 시술하려면 화살표를 따라 귀 위의 부분과 귀 뒤에서 후두부로 내려오는 라인을 따라 한다.

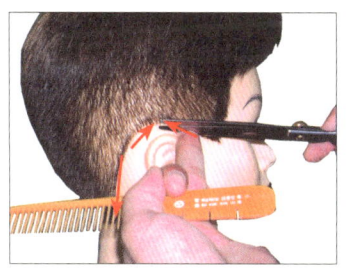

가위의 앞날로만 가위밥을 주고 밑모발 라인에 맞추어 일정하게 시술한다.

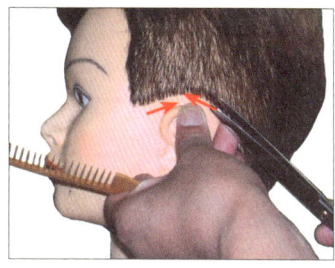

가위의 앞날로만 가위밥을 주고 밑모발 라인에 맞추어 일정하게 시술한다.

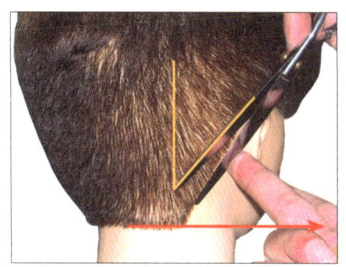

빨간색 화살표의 후두부 밑모발 라인에는 가위밥을 주지 않는다. 가위의 날은 사진에서처럼 밑날은 두피에 붙이고 윗날은 사선으로 들어가서 시술한다.

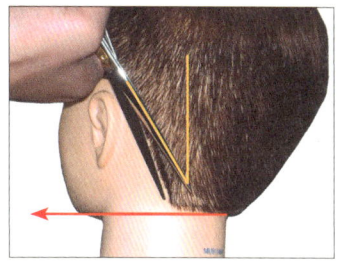

빨간색 화살표의 후두부 밑모발 라인에는 가위밥을 주지 않는다. 가위의 날은 사진에서처럼 밑날은 두피에 붙이고 윗날은 사선으로 들어가서 시술한다.

연습 4·5일

쇼트커트 시술 해설

1. 두정부 시술 해설

＊쇼트커트는 상고 스타일보다 짧은 형이다. 상고 스타일과 같이 알아보자.

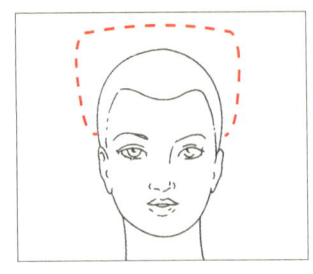

쇼트커트의 두정부는 기장커트 방식과 같다. 길이의 차이만 있을 뿐이다. 상고 스타일은 평균 모발의 길이가 7~10cm 정도이고 쇼트커트는 4~7cm 정도다. 모발의 길이가 4cm 밑으로 내려오면 스포츠 스타일의 모발 길이가 된다.

2. 후두부 시술 해설

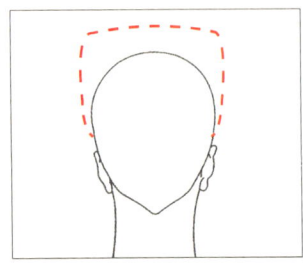

후두부의 모양은 사진대로 상고 스타일과 같다. 단지 모발 길이의 차이와 밑의 모양이 다를 뿐이다. 앞서 서술했던 것들은 상고 스타일을 기준으로 했다. 밑모발의 클리퍼 처리법도 같다. 단 상고 스타일의 경우는 클리퍼의 처리가 많아야 1cm 정도이고 쇼트커트 스타일은 5cm 정도이다. 사진에서 보듯이 5cm 정도를 클리퍼 처리하고 두정부와 측두부를 기장처리하며 클리퍼 커트하여 스타일을 만든다.

3. 측두부 시술 해설

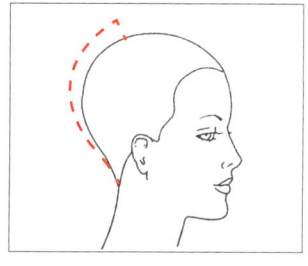

측두부의 모양은 밑모발을 클리퍼 처리하고 나서 두피에 빗을 붙이고 빗발을 세워준 후 약간의 곡선미로 빗과 클리퍼를 올리며 모발을 절삭한다. 단, 그 전에 측두부 기장커트를 하는데 모발의 길이는 길어야 5cm 정도이다. 사진처럼 중앙부분의 모양만 기장커트가 되는데 중앙부분 밑의 모발은 짧아서 잡히지 않고 클리퍼 처리를 하는 부분이기 때문에 사진에서처럼 시술한다.

4. 완성도

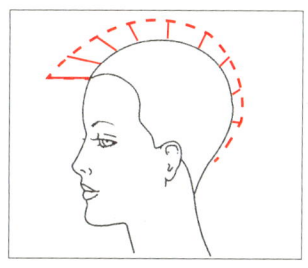

상고 스타일도, 쇼트커트 스타일도 전체적인 모양은 정해져 있다. 하지만 고객의 의중에 따라 밑라인의 모양이 정해진다. 쇼트커트는 시원하게 올리는 부분에서 높낮이가 다르다. 상고 스타일에서는 모발의 길이가 길어야 10cm이고 쇼트커트 스타일에서는 모발의 길이가 길어야 7cm 정도다. 앞서도 서술했듯 고객의 의중을 잘 알고 해야 시술이 좀 더 쉬워진다.

쇼트커트 클리퍼 시술 1

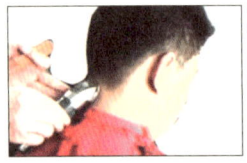  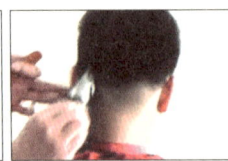 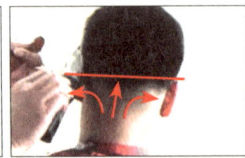

후두부 밑라인 모발에 클리퍼 라인을 정하고, 그 라인에 맞추어 밑머리를 사진처럼 클리퍼
처리한다.

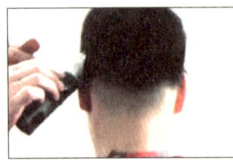 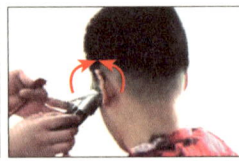 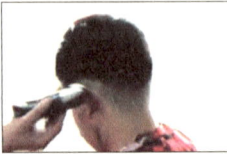 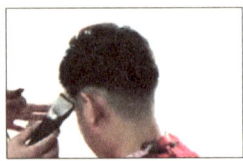

좌측두부 밑라인을 사진처럼 클리퍼 처리 하는데 후두부의 1/2에서 1cm 더 빼고 시술한다.

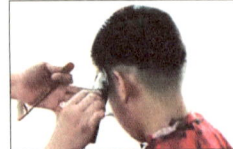 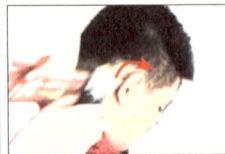 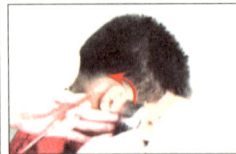 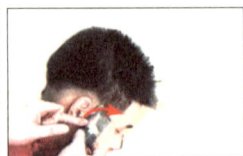

우측두부 밑라인을 사진처럼 클리퍼 처리 하는데 후두부의 1/2에서 1cm 더 빼고 시술한다.
그리고 귀 앞부분은 사진처럼 화살표 방향으로 처리한다.

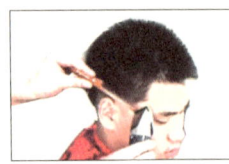 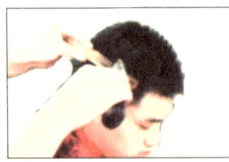 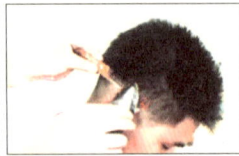 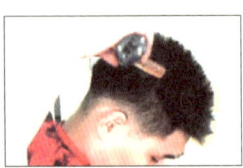

귀 앞에서 사각지대까지 클리퍼를 빗에 붙
이고 곡선으로 절삭하며 올라간다.

귀 뒤에서 사각지대까지 클리퍼를 빗에 붙
이고 곡선으로 절삭하며 올라간다.

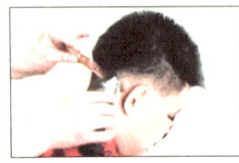 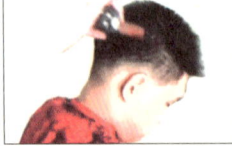 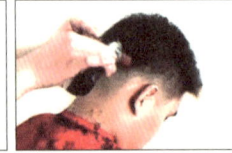 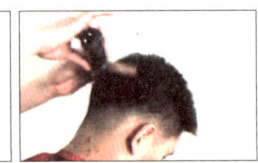

후두부에서 사각지대까지 클리퍼를 빗에 붙
이고 곡선으로 절삭하며 올라간다.

후두부에서 사각지대까지 클리퍼를 빗에 붙
이고 곡선으로 절삭하며 올라간다.

쇼트커트 클리퍼 시술 2

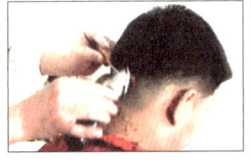  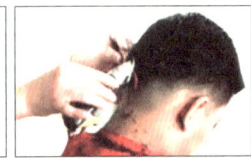 

후두부에서 사각지대까지 클리퍼를 빗에 붙 이고 곡선으로 절삭하며 올라간다.

후두부에서 사각지대까지 클리퍼를 빗에 붙 이고 곡선으로 절삭하며 올라간다.

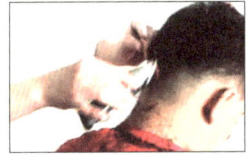  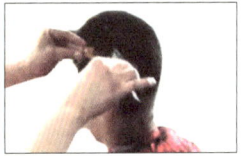

후두부에서 사각지대까지 클리퍼를 빗에 붙 이고 곡선으로 절삭하며 올라간다.

귀 뒤에서 사각지대까지 클리퍼를 빗에 붙 이고 곡선으로 절삭하며 올라간다

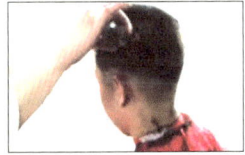 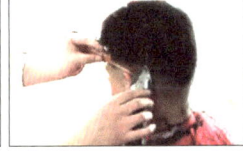 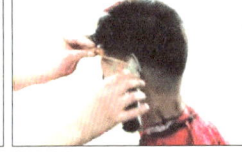 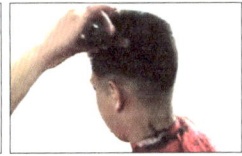

귀 위에서 사각지대까지 클리퍼를 빗에 붙 이고 곡선으로 절삭하며 올라간다.

귀 위에서 사각지대까지 클리퍼를 빗에 붙 이고 곡선으로 절삭하며 올라간다.

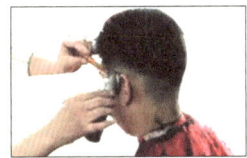 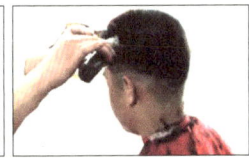 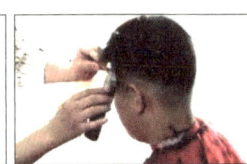 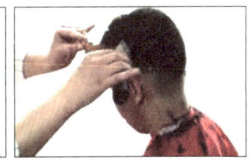

귀 앞에서 사각지대까지 클리퍼를 빗에 붙 이고 곡선으로 절삭하며 올라간다.

귀 앞에서 사각지대까지 클리퍼를 빗에 붙 이고 곡선으로 절삭하며 올라간다.

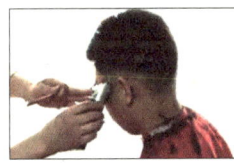 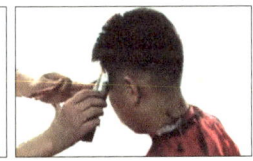 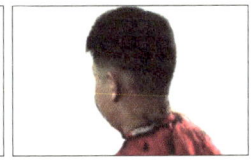

귀 앞에서 앞모발을 클리퍼로 곡선으로 절 삭하며 올라간다.

완성

쇼트커트 테이퍼링 시술

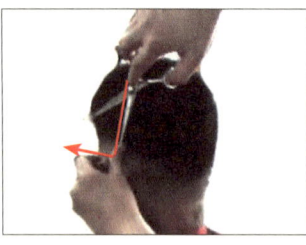

가위는 세워서 엄지손가락에 가위날을 걸치고 개폐하면서 엄지를 밀어나간다.

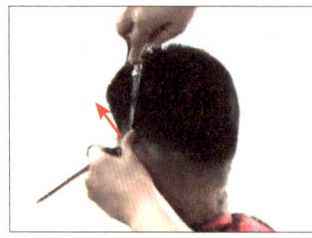

엄지손가락에 가위날을 걸치고 가위를 개폐하면서 엄지를 밀어나간다.

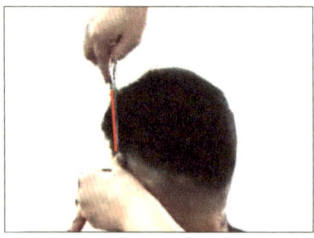

엄지손가락에 가위날을 걸치고 가위를 개폐하면서 엄지를 밀어나간다.

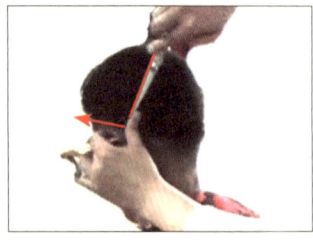

가위는 사선으로 누이고 엄지손가락에 가위날을 걸치고 가위를 개폐하면서 엄지를 밀어나간다.

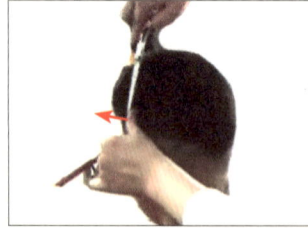

엄지손가락에 가위날을 걸치고 가위를 개폐하면서 엄지를 밀어나간다.

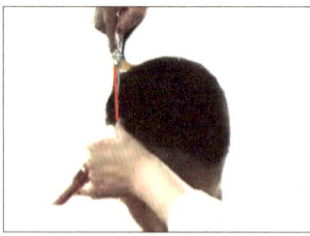

엄지손가락에 가위날을 걸치고 가위를 개폐하면서 엄지를 밀어나간다.

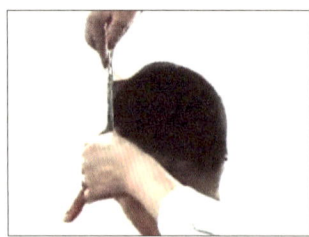

가위를 사선으로 누이는 이유는 면의 모양이 사선 형태로 되어 있어서 시술하는 방법도 이런 식으로 해야 하기 때문이다.

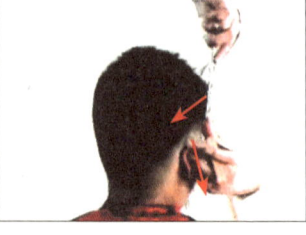

우측면의 테이퍼링을 시술할 때는 사진에서처럼 앞에서 가위가 가는 방향을 보면서 엄지로 가위를 밀면서 한다.

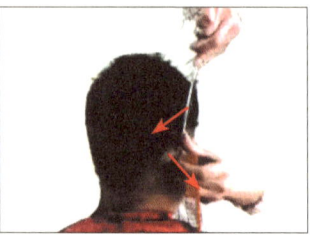

왼손의 중지로 귀를 살며시 누르면서 귀의 손상을 조심하며 안전하게 시술한다.

연습 6·7일

상고 스타일 숱가위 시술

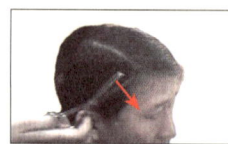 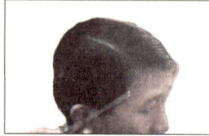 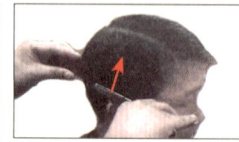 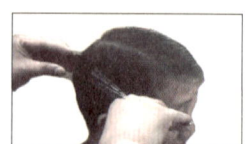

숱가위를 화살표 방향으로 내리면서 시술한다. 　숱가위를 화살표 방향으로 올리면서 시술한다.

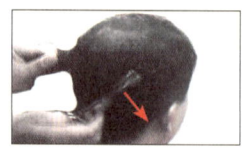 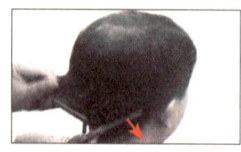 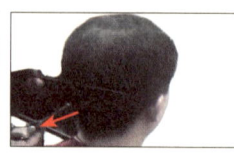 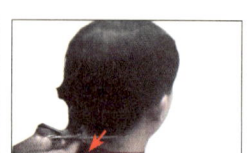

숱가위를 화살표 방향으로 내리면서 시술한다. 　숱가위를 화살표 방향으로 당기면서 시술한다.

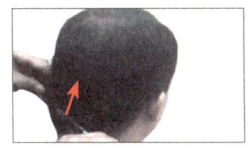 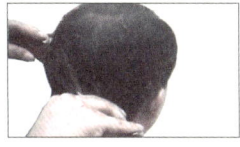 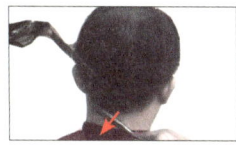

숱가위를 화살표 방향으로 올리면서 시술한다. 숱가위를 화살표 방향으로 내리면서 시술한다.

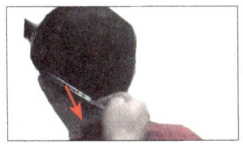 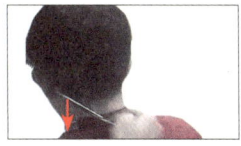 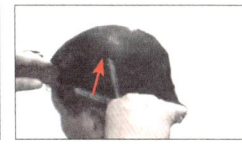 

숱가위를 화살표 방향으로 내리면서 시술한다. 숱가위를 화살표 방향으로 올리면서 시술한다.

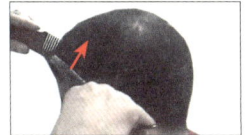 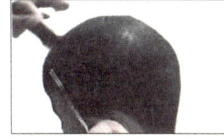 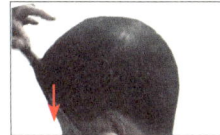 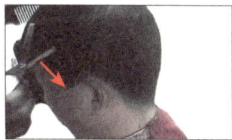

숱가위를 화살표 방향으로 올리면서 시술한다. 숱가위를 화살표 방향으로 내리면서 시술한다.

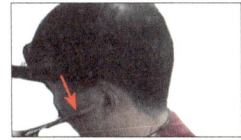 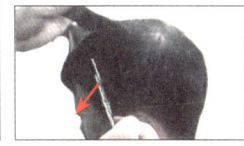 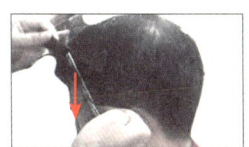 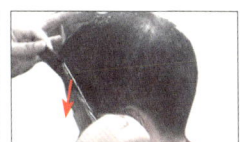

숱가위를 화살표 방향으로 내리면서 시술한다. 숱가위를 화살표 방향으로 내리면서 시술한다.

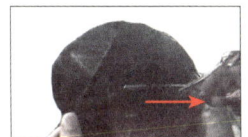 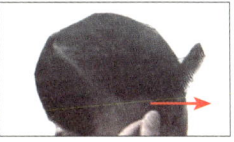

숱가위를 화살표 방향으로 당기면서 시술한다.

상고 스타일 기장커트 시술

   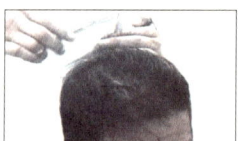

두정부의 기준인 중앙을 기장커트한다. 　좌측 눈 위의 부분을 기장커트한다.

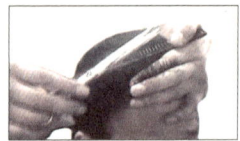 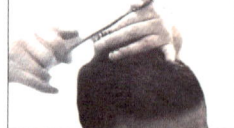 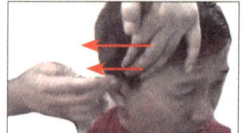 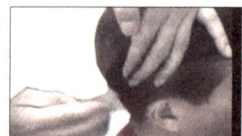

우측 눈 위의 부분을 기장커트한다. 　우측두부부터 기장커트한다

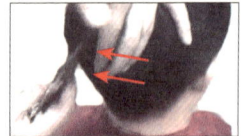  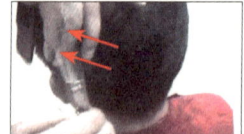 

후두부의 모발을 연결해서 기장커트한다. 　좌측두부의 모발을 연결해서 기장커트한다.

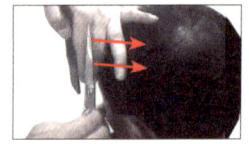  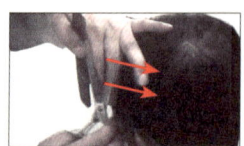 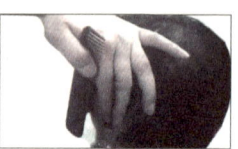

좌측두부 앞모발을 기장커트한다. 　좌측두부의 앞모발을 되돌아 나오면서 기장
커트한다.

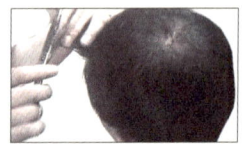 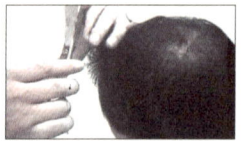 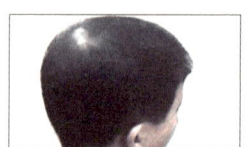

두정부의 앞모발을 수평으로 잡아내어 모발 정리를 해준다. 그 이　완성
유는 앞모발은 두정부를 기장커트 할 때 잘리지만 모발 라인에 따
라 밑으로 내려온 모발이 있으므로 한번 더 처리해야 한다.

상고 스타일 클리퍼 시술

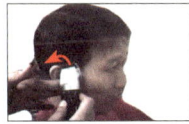 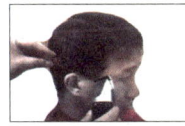  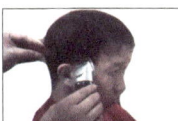 

우측두부 귀 위 모발부터 빗을 두피에 붙이고 중간지점까지 빗을 올리면서 클리퍼 시술한다.

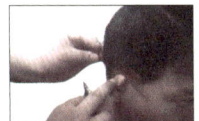  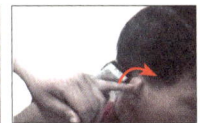 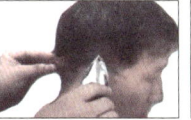 

귀 뒤의 모발에 빗을 사선으로 붙이고 수평으로 만들면서 클리퍼 시술한다.

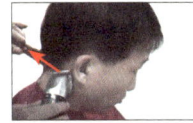 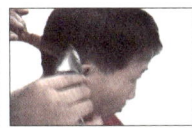 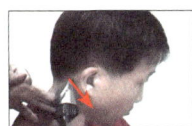 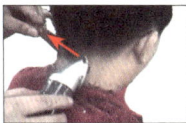 

후두부의 밑모발부터 빗을 두피에 붙이고 수평으로 올리면서 클리퍼 시술한다.

 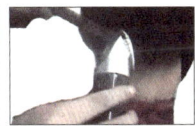 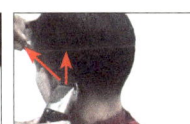  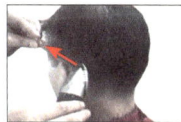

좌측 귀 뒤 부분에 빗을 사선으로 붙이고 수평으로 올리면서 클리퍼 시술한다.

 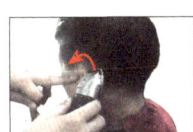 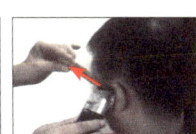 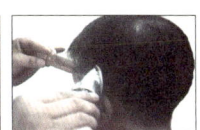 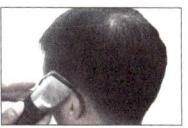

좌측 귀 위 부분에 빗을 두피에 붙이고 수평으로 올리면서 클리퍼 시술한다. 클리퍼의 윗날로 귀의 윗라인을 정리한다.

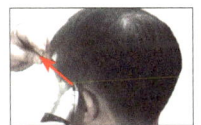 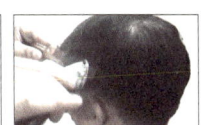 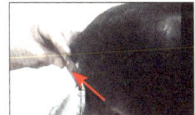 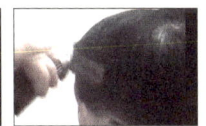

좌측 귀 앞부분에 빗을 붙이고 수평으로 올리면서 클리퍼 시술한다.

상고 스타일 가위밥, 테이퍼링 시술

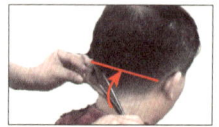 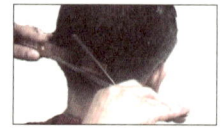 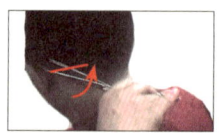 

빗을 두피에 붙이고 가위를 이용해 밑라인에서 윗라인까지 잘리지 않고 남은 모발을 싱글링 시술한다.

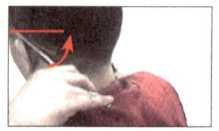  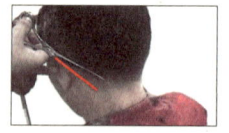 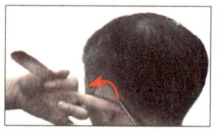

잘리지 않고 남은 모발을 싱글링 시술한다.　　가위밥을 주어 라인을 정리한다.

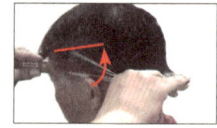  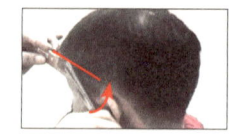 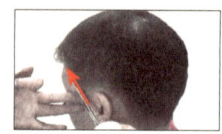

빗을 두피에 붙이고 가위를 이용해 밑라인에서 윗라인까지 잘리지 않고 남은 모발을 싱글링 시술한다.

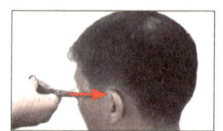 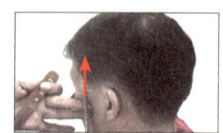 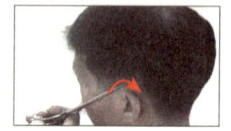 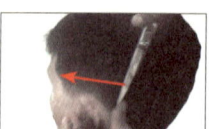

구레나룻부분과 귀 앞라인과 귀 윗라인을 가위밥을 주어 정리한다.

 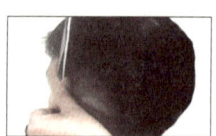  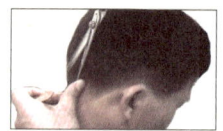

테이퍼링 기법을 이용해 좌측두부와 후두부의 모발에 잘리지 않고 남아 있는 잔모발을 테이퍼링 시술한다.

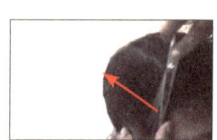  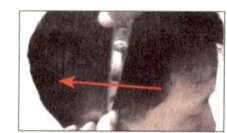 

테이퍼링 기법을 이용해 우측두부와 앞 모발에 잘리지 않고 남아 있는 잔모발을 테이퍼링 시술한다.

연습 8·9일

스포츠 스타일 시술 해설

＊스포츠 스타일은 모든 헤어스타일 중 기본이다.
＊스포츠 스타일은 커트 시술할 때는 3가지의 공식이 있다.

1. 두정부 시술하는 방법

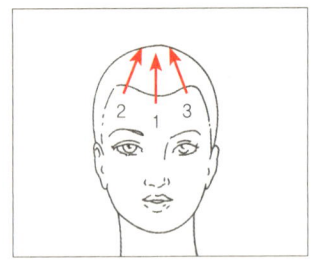

먼저 그림에서 보듯이 (앞면)커트를 시작하기 전에 기준을 정하는 것이 중요하다. 기장커트 때와 같은 방법이지만 스포츠 스타일은 빗과 클리퍼로 시술을 한다. 1, 2, 3번의 숫자에서 중앙 부분인 1번이 기준점이 되는데 이때 시술방법은 빗을 수평으로 만든 상태에서 가마를 향해 클리퍼를 빗에 붙이고 수평으로 (→)밀면서 모발을 절삭하는 것이다. 1번을 시술하고 나면 2번과 3번 중 어느 쪽을 먼저 해도 상관없다. 빗으로 모발을 세우면서 가마를 향해 빗을 수평(→)으로 하고 모발을 클리퍼로 절삭하며 밀어간다.

2. 사각지대 시술하는 방법

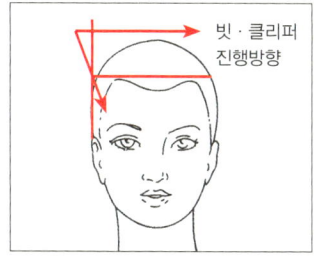

두정부와 측두부를 시술하고 나면 측두부와 두정부의 연결을 만들어야 한다. 이 경우는 두정부와 측두부의 경계선인 사각지대 부분에서 밑으로 2~3cm 정도에 빗을 화살표처럼 사선으로 넣어주고 사선 상태로 모발을 두정부 쪽으로 밀면서 두정부의 라인과 맞추어 절삭한다. 자세한 것은 뒷장에서 알아보자.

3. 측두부 시술하는 방법

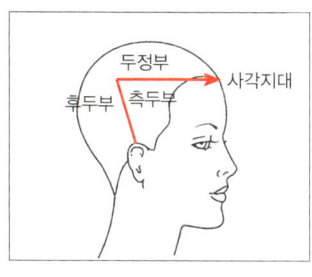

우측두부와 좌측두부는 E.P에서 G.P까지이다. 밑라인에서 사각지대까지 빗에 클리퍼를 붙이고 수직(↑)으로 클리퍼 시술하며 올라간다. 빗을 수직으로 올리지만 측두부의 두상은 사진에서처럼 약간의 곡선미를 가지고 있어서 잘라낸 모양도 약간의 곡선미가 남아 있다. 우측두부나 좌측두부도 같은 방법으로 시술해준다. 후두부는 밑라인에서 곡선으로 가마까지 올라간다.

4. 완성도

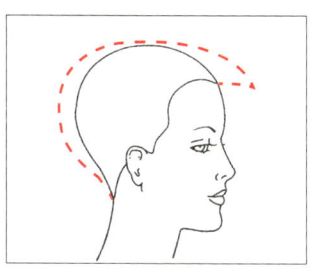

스포츠 스타일에는 여러 가지가 있다. 각 스포츠, 둥근 스포츠, 긴 스포츠, 기본 스포츠, 짧은 스포츠 등이 있는데 알고 보면 길이의 차이밖에 없다. 시술에만 방법이 다를 뿐이다.

스포츠 스타일 두정부 시술방법

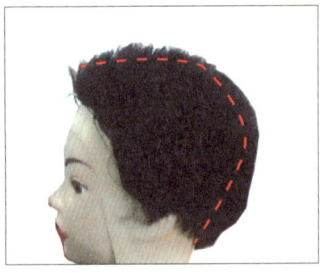

스포츠 스타일의 기본적인 모양은 사진과 같다. 두정부의 라인은 약간의 곡선미를 가지고 있어야 하며, 후두부는 가마에서부터 곡선미를 가지고 내려와야 한다. 두정부의 모발 라인이 잘 나와야 전체의 스타일을 만들 수 있다.

두정부를 시술하는 방법은 앞 장에서 잠깐 설명했다. 두정부를 3등분으로 나누어서 중앙의 1번이 기준점이 된다. 빗을 수평(→)으로 하고 가마를 향해 포물선을 그리듯 모발을 절삭하며 밀어나간다. 중앙의 1번을 시술하고 나면 2번과 3번 중 어느 쪽을 해도 상관없다. 단 중앙의 1번 시술과 같이 2번과 3번도 같은 방식으로 모발을 절삭한다.

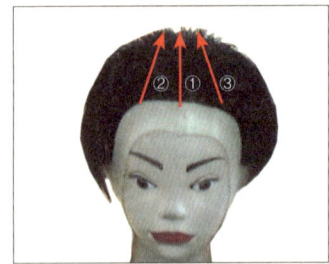

위 사진의 방식대로 시술을 하면 옆 사진의 모양이 나온다. 이렇게 앞머리에서 가마까지 같은 방식으로 시술해 두정부의 모양을 만들어놓은 후에 측두부로 시술이 넘어가는 것이다.

스포츠 스타일 측두부 시술방법

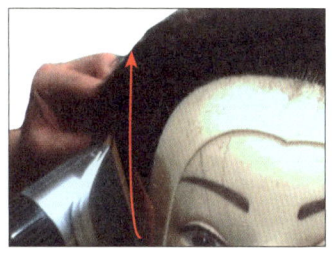 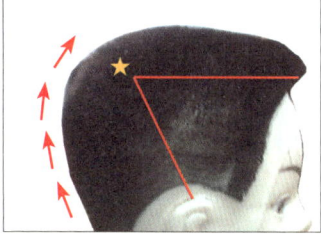 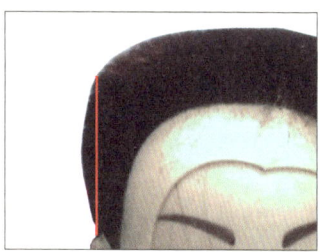

측두부의 시술은 사진에서 처럼 귀 윗부분에 빗몸을 붙여주고 빗발을 세워서 화살표를 따라 모발을 절삭하며 사각지대 부분까지 시술해 올라간다. 두정부 시술 후 측두부를 시술할 때는 두정부의 라인에 측두부의 라인이 일자로 맞아져야 한다. 스포츠 스타일에서는 두정부의 라인과 측두부의 라인이 제일 중요하다. 스포츠 스타일의 전형적인 모양은 각 스포츠 스타일이다. 여기서 각은 직각을 의미하는 것은 아니다.

측두부는 사진의 사각지대와 E.P에서 G.P의 별표까지이다. 이곳까지는 수직으로 올리는데 각이 만들어지는 부분이 바로 이곳이다. 별표 지점에서 후두부로 넘어가는 부분은 ↑선으로 후두부 밑라인에서 가마부분까지 빨간 곡선처럼 클리퍼와 빗이 곡선으로 올라간다.

좌측두부의 라인은 사진에서처럼 빗과 클리퍼가 수직으로 올라간다. 하지만 수직으로 올라가도 결론은 곡선미가 나온다는 것이다. 그 이유는 측두부의 두상의 모양이 곡선미를 가지고 있기 때문이다. 우측두부의 시술도 좌측두부의 시술방법과 같다.

133

스포츠 스타일 후두부 시술방법

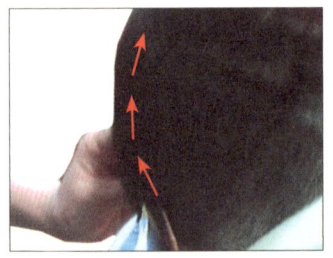

후두부의 시술방법은 사진에서처럼 빗몸이 후두부 밑라인에 붙은 상태에서 빗발을 사진처럼 세워주어 화살표 방향으로 클리퍼 시술하며 가마부분까지 곡선미로 올라가는 것이다.

후두부의 모양은 사진처럼 곡선미를 가지고 있어야 한다. 우측두부의 E.P와 G.P가 만나는 별표 지점부터 좌측두부의 E.P와 G.P가 만나는 별표 지점까지가 후두부 부분이다. 별표 앞쪽은 좌측두부의 시작이다. 이곳은 우측두부의 시술방법과 동일하다.

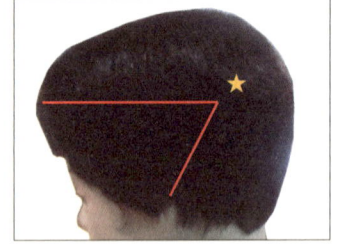

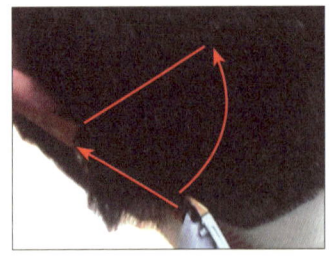

귀 뒷부분은 상당한 정교함이 요구되며 섬세함이 요구된다. 측두부나 후두부의 경우는 빗이 수평으로 올라오는데 반해 우측두부 귀 뒷부분이나 좌측두부의 귀 뒷부분은 빗이 사진처럼 사선으로 들어간다. 빗몸을 두피에 붙이고 빗발을 세워준 후 클리퍼를 빗에 대고 빗발에 걸려나온 모발을 절삭하며 빗을 화살표 방향으로 올린다.

스포츠 스타일 완성도 해설

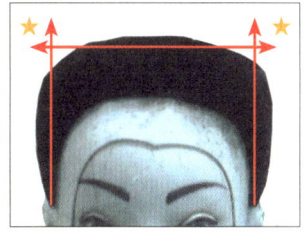

이제 정리해보면 두정부의 모양은 사진에서처럼 수평선을 이루듯이 약간의 곡선미가 있어야 한다. 측두부의 귀 위에서 올라오는 곡선미도 자연스럽게 올라와야 한다. 스포츠 스타일의 포인트는 별표 부분인 각을 이루는 곳이라는 것을 잊지 말아야 한다.

후두부의 모양은 옆의 사진처럼 자연스러운 곡선미를 이루며 올라와야 한다. 그러면 두정부에서부터 후두부로 내려오는 모양은 사진처럼 둥그스러운 모양이 된다는 것을 꼭 알아두자.

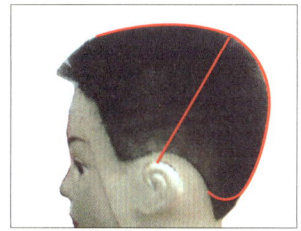

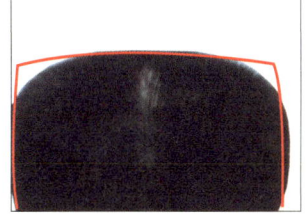

후두부에서 본 모양이다. 앞에서 보든, 뒤에서 보든 스포츠 스타일은 사각지대의 각이 잘 살아야 한다는 것이다. 측두부에서 볼 때는 곡선미가 잘 살아야 하지만 앞에서나 뒤에서 볼 때는 이처럼 각이 살아 있어야만 한다.

우측두부도 좌측두부와 다를 것이 없다. E.P에서 G.P의 별표까지 놓고 보면 별표 밑으로는 후두부이고 별표 앞쪽으로는 두정부이다. 헤어스타일을 만드는 데 있어서 중요한 것은 형태를 잘 알고 있어야 시술을 할 수 있다는 것이다.

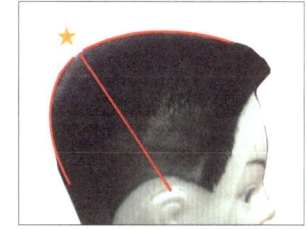

연습 10·11일

스포츠 스타일 클리퍼 시술 1

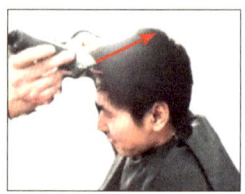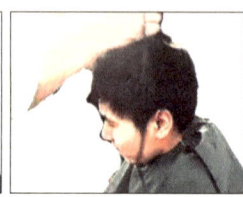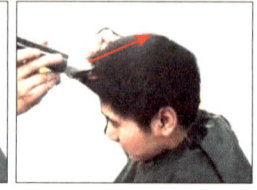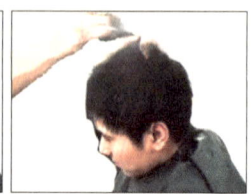

앞 모발에서 가마까지 클리퍼를 빗에 붙이고 일자로(화살표) 절삭하며 나간다.

오른쪽 눈 위에서 가마까지 클리퍼를 빗에 붙이고 일자로 절삭하며 나간다.

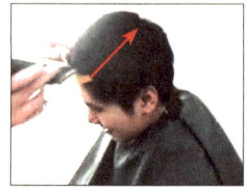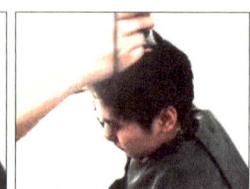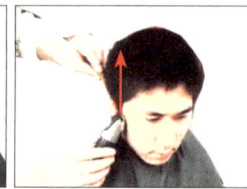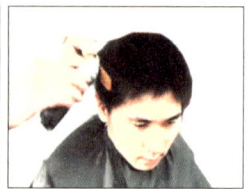

오른쪽 눈 위에서 가마까지 클리퍼를 빗에 붙이고 일자로 절삭하며 나간다.

귀 위에서 사각지대까지 클리퍼를 빗에 붙이고 일자로(화살표) 절삭하며 나간다.

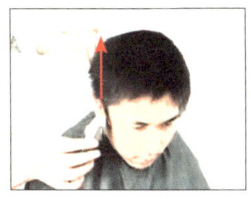 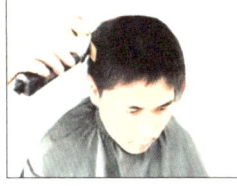 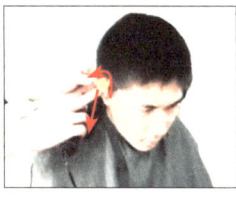

귀 위에서 사각지대까지 클리퍼를 빗에 붙이고 일자로(화살표) 절삭하며 나간다.

사각지대에서 두정부로 일자로(화살표) 절삭하며 나간다.

귀는 오른손 중지로 살며시 내려준다.

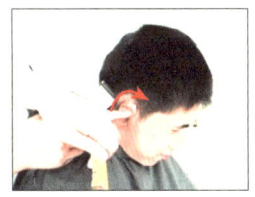 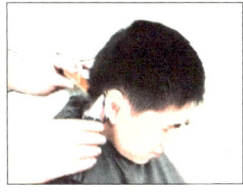

클리퍼의 밑날로 귀 윗라인을 정리한다.

귀 뒤에서 가마까지 클리퍼를 빗에 붙이고 곡선으로 절삭하며 올라간다.

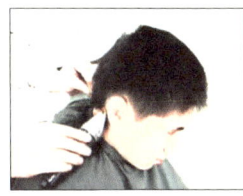  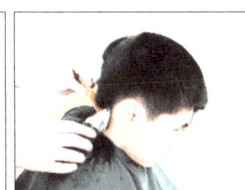 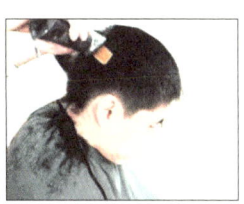

귀 뒤에서 가마까지 클리퍼를 빗에 붙이고 곡선으로 절삭하며 올라간다.

후두부 밑부분에서 가마까지 클리퍼를 빗에 붙이고 곡선으로 절삭하며 올라간다.

스포츠 스타일 클리퍼 시술 2

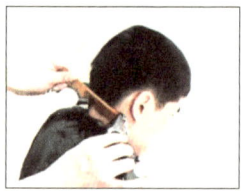

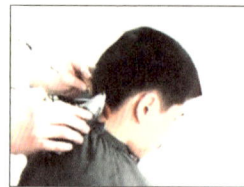

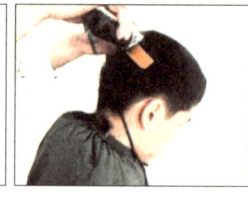

역행하는 모발은 빗을 거꾸로 잡아 밑으로 내리며 모발을 세워 절삭한다.

후두부 밑부분에서 가마까지 클리퍼를 빗에 붙이고 곡선으로 절삭하며 올라간다.

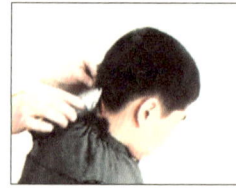

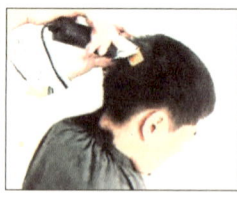

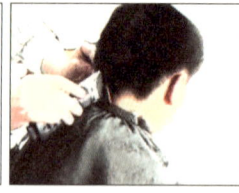

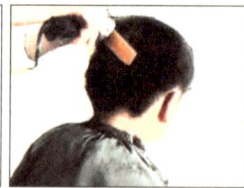

후두부 밑부분에서 가마까지 클리퍼를 빗에 붙이고 곡선으로 절삭하며 올라간다.

후두부 밑부분에서 가마까지 클리퍼를 빗에 붙이고 곡선으로 절삭하며 올라간다.

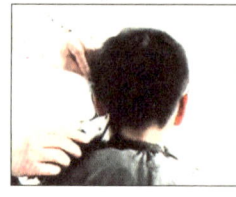

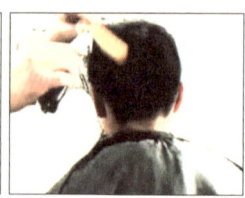

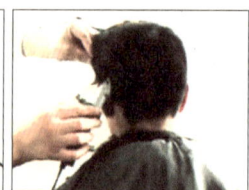

귀 뒤에서 가마까지 클리퍼를 빗에 붙이고 곡선으로 절삭하며 올라간다.

귀 뒤에서 가마까지 클리퍼를 빗에 붙이고 곡선으로 절삭하며 올라간다.

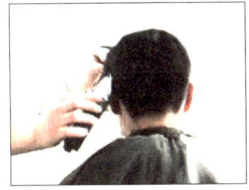  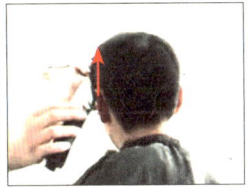 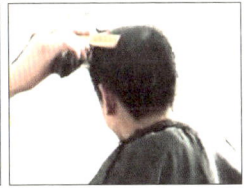

귀 뒤에서 가마까지 클리퍼를 빗에 붙이고
곡선으로 절삭하며 올라간다.

귀 위에서 가마까지 클리퍼를 빗에 붙이고
일자로 절삭하며 올라간다.

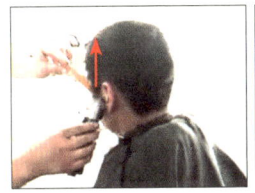 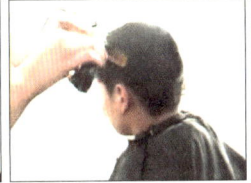 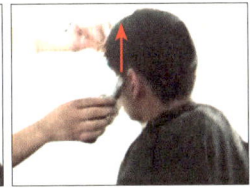 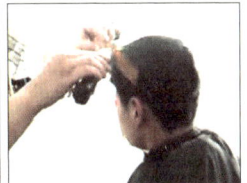

귀 앞에서 가마까지 클리퍼를 빗에 붙이고
일자로(화살표) 절삭하며 올라간다.

귀 앞에서 가마까지 클리퍼를 빗에 붙이고
일자로(화살표) 절삭하며 올라간다.

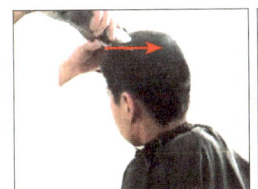 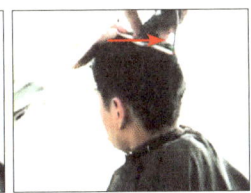 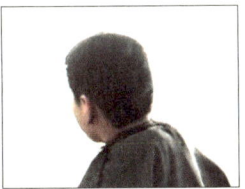

사각지대에서 두정부로 일자로(화살표) 절
삭한다.

완성

스포츠 스타일 테이퍼링 시술

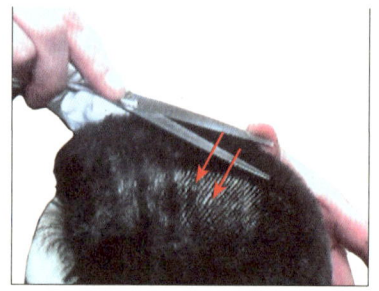

　스포츠 스타일에는 두정부의 테이퍼링을 시술해야한다. 앞서는 측두부와 후두부 부분의 테이퍼링이었는데 스포츠 스타일에는 두정부도 테이퍼링 시술을 해야한다. 테이퍼링을 시술하는 이유는 클리퍼의 시술이끝나도 잘리지 않고 남아 있는 미세부분이 있어서 이를정리하기 위해서이다.

　테이퍼링을 하는 방법은 측두부의 자세와 동일하다.하지만 두정부는 수평선의 곡선미가 잘리지 않고 남아있는 미세부분을 정리하는데 사진에서처럼 가위가 누운 상태로 엄지에 걸려 있는 가위날을 밀면서 가위를개폐하며 밀어간다. 가위의 날이 두피 쪽으로 내려가지 않도록 주의한다.

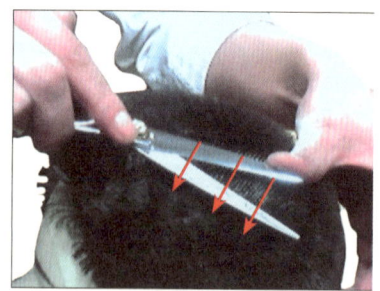

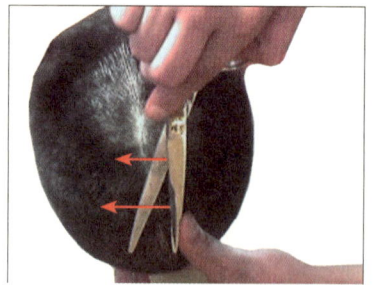

가마부분도 테이퍼링을 해주어야 한다. 상고나 쇼트커트에서는 가마부분이 자연스럽게 남아 있지만 스포츠스타일에서는 잘려나가기 때문에 가마부분도 테이퍼링 시술을 한다. 사진에서처럼 측두부의 테이퍼링과같은 방식으로 엄지에 걸려 있는 가위날을 밀어가며가위를 개폐해준다.

연습 12·13일

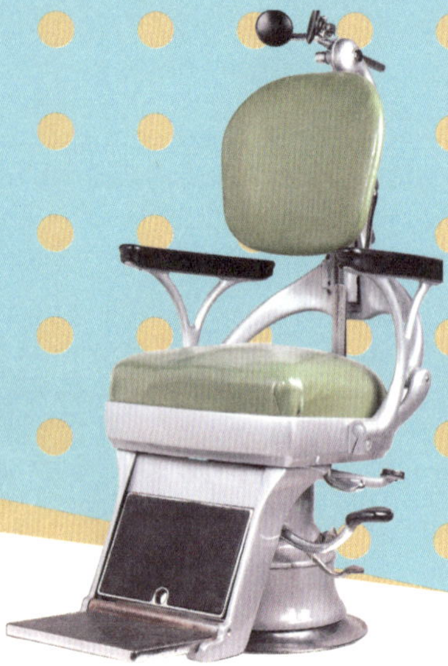

스타일 커트 숱가위 시술 1

＊빨간색은 빗의 진행방향
＊노란색은 가위의 개폐 후 시술방향

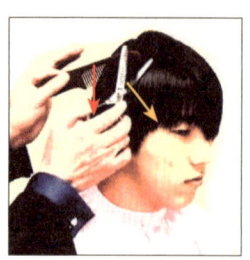 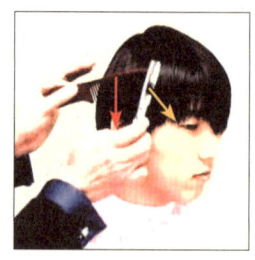  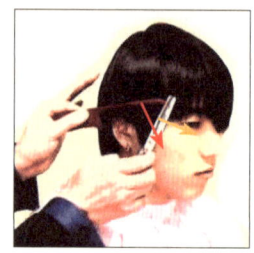

귀 위에서 귀 앞으로 넘어오는 장면이다. 화살표 방향으로 빗은 아래로 향하고 가위는 얼굴 쪽으로 내려온다.	귀앞모발의 장면이다. 가위의 방향은 아래로 내려오고 가위는 얼굴 쪽으로 내려온다.	빗은 구레나룻 쪽으로 내려오고 가위는 얼굴 쪽으로 내린다.

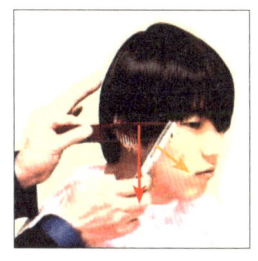

빗은 역시 구레나룻 쪽으로
내리면서 가위는 턱 쪽으로
내린다.

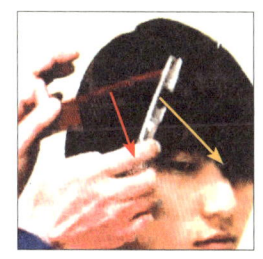

빗은 눈 쪽으로 내리면서
가위는 코 쪽으로 내린다.

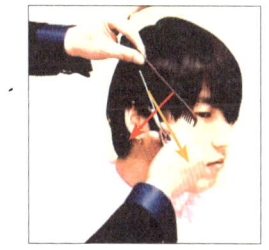

빗은 귀 쪽으로, 가위는 귀
앞쪽으로 내려온다.

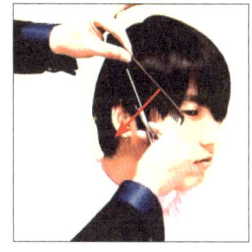

빗은 귀 쪽으로 내려오고
가위는 구레나룻 쪽으로 내
린다.

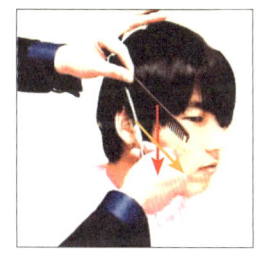

빗은 구레나룻 쪽으로 내려
오고 가위도 구레나룻 쪽으
로 내려온다.

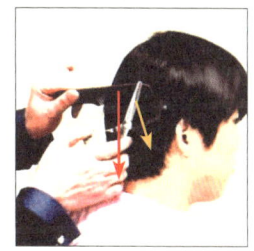

우측면 귀 뒤의 장면이다.
빗은 목으로 내리고 가위는
귀 뒤쪽으로 내려온다.

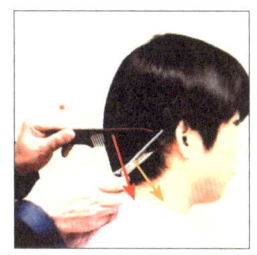

빗은 목으로 내리고 가위는
역시 귀 뒤로 내려준다.

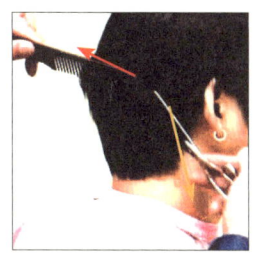

빗으로 모발을 걷어내고 가
위는 귀 뒤로 내려준다.

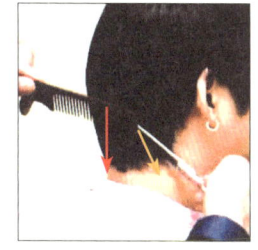

빗은 목으로 내려오고 가
위는 화살표 방향으로 내
려준다.

스타일 커트 숱가위 시술 2

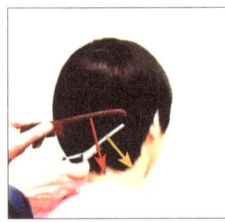

빗은 목 쪽으로 내려주고 가위는 귀 뒤라인으로 내려준다.

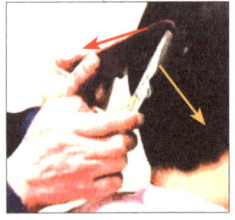

가위는 화살표 방향으로 모발을 걷어내고 가위는 화살표 방향으로 내려준다.

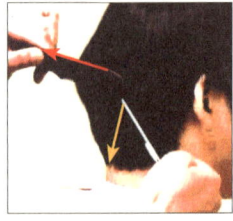

빗으로 모발을 걷어주고 가위는 화살표 방향으로 내려준다.

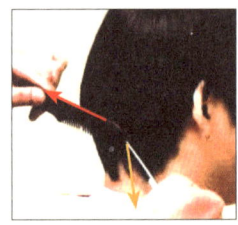

역시 빗은 모발을 걷어주고 가위는 화살표 방향으로 내려준다.

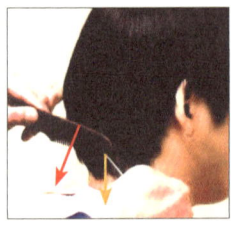

빗은 목 쪽으로 내려주고 가위도 목 쪽으로 내려준다.

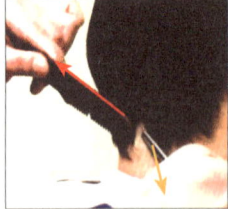

빗은 모발을 걷어주고 가위는 화살표 방향으로 내려준다.

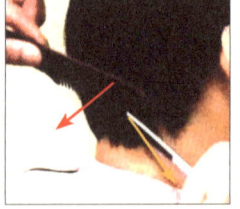

빗으로 모발을 걷어주고 걷은 모발 밑부분의 모류를 보고 시술한다. 가위는 화살표 방향으로 당겨준다.

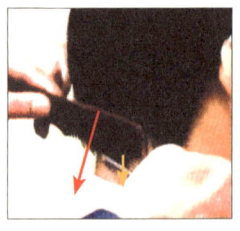

빗은 목 쪽으로 내려주고 가위도 목 쪽으로 내려준다.

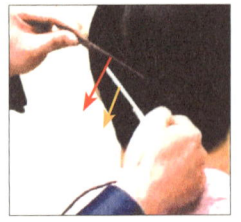

빗으로 모발을 걷어주고 가위는 화살표 방향으로 내려준다.

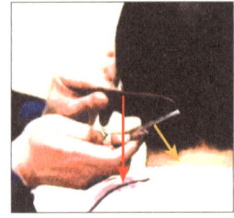

빗을 아래로 내리면서 가위를 목 쪽으로 내려준다.

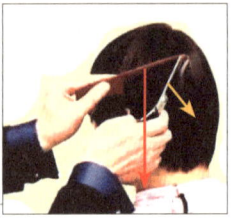

빗은 화살표 방향으로 내려주고 가위도 화살표 방향으로 밀어준다.

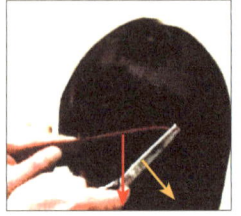

빗은 화살표 방향으로 내려주고 가위는 화살표 방향으로 밀어준다.

스타일 커트 숱가위 시술 3

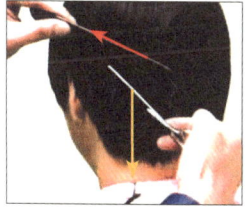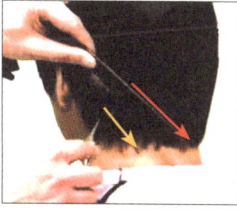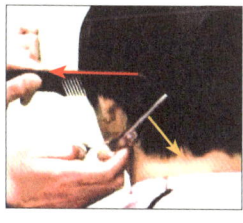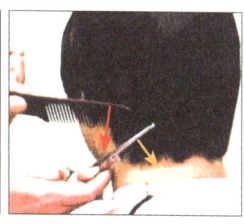

빗은 모발을 걷어주고 가위는 화살표 방향으로 내려준다.	빗은 화살표 방향으로 모발을 밀면서 걷어주고 가위도 화살표 방향으로 밀어준다.	빗으로 모발을 화살표 방향으로 걷어주면 밑모발이 잘 보여서 시술이 용이하다. 가위는 화살표 방향으로 밀어준다.	빗은 화살표 방향으로 내려주고 가위도 화살표 방향으로 내려준다.

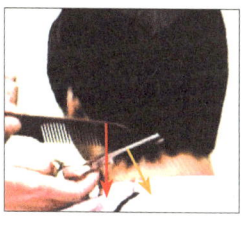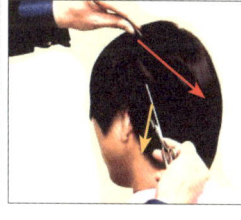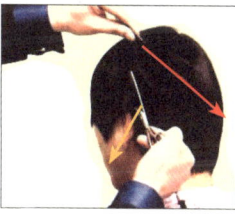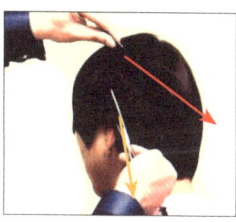

빗은 화살표 방향으로 내려주고 가위도 화살표 방향으로 내려준다.	빗은 화살표 방향으로 모발을 밀면서 걷어주고 가위도 화살표 방향으로 내려준다.	빗은 화살표 방향으로 모발을 밀면서 걷어주고 가위도 화살표 방향으로 내려준다.	빗은 화살표 방향으로 모발을 밀면서 걷어주고 가위도 화살표 방향으로 밀어준다.

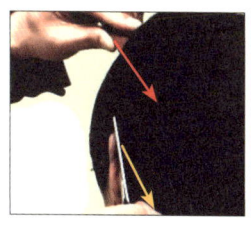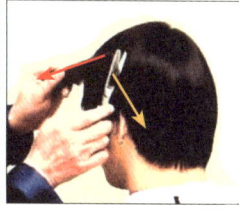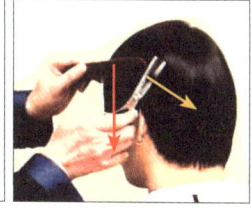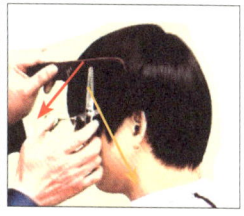

빗으로 모발을 걷어주고 가위는 화살표 방향으로 내려준다.	빗으로 모발을 걷어주고 가위는 화살표 방향으로 밀어준다.	빗은 화살표 방향으로 내려주고 가위도 화살표 방향으로 밀어준다.	빗은 화살표 방향으로 내려주고 가위도 화살표 방향으로 내려준다.

스타일 커트 숱가위 시술 4

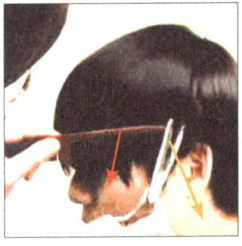

빗은 화살표 방향으로 내려주고 가위도 화살표 방향으로 밀어준다.

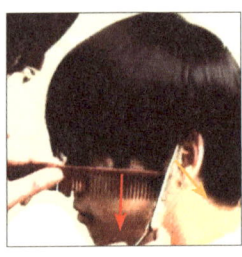

빗은 화살표 방향으로 내려주고 가위도 화살표 방향으로 밀어준다.

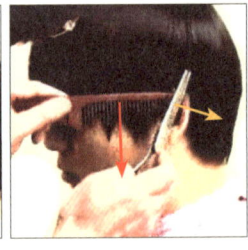

빗은 화살표 방향으로 내려주고 가위도 화살표 방향으로 밀어준다.

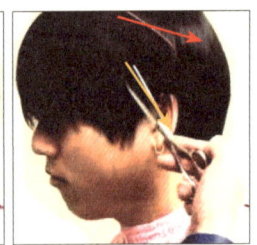

빗으로 모발을 걷어주고 가위는 화살표 방향으로 내려준다.

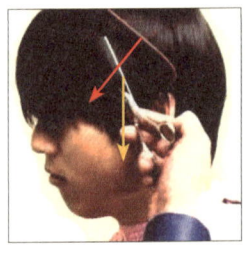

빗은 화살표 방향으로 내려주고 가위도 화살표 방향으로 내려준다.

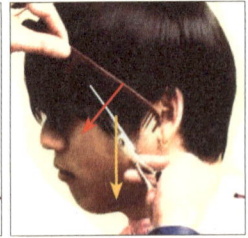

빗은 화살표 방향으로 내려주고 가위도 화살표 방향으로 내려준다.

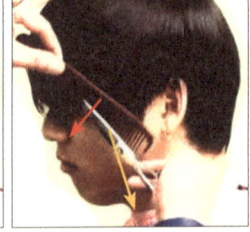

빗은 화살표 방향으로 내려주고 가위도 화살표 방향으로 내려준다.

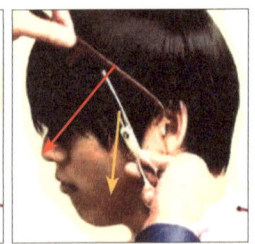

빗은 화살표 방향으로 내려주고 가위도 화살표 방향으로 내려준다.

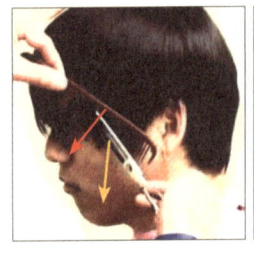

빗은 화살표 방향으로 내려주고 가위도 화살표 방향으로 내려준다.

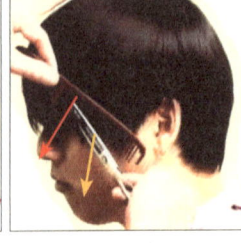

빗은 화살표 방향으로 내려주고 가위도 화살표 방향으로 내려준다.

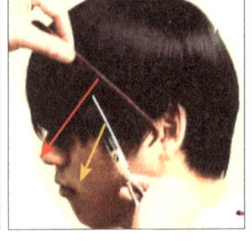

빗은 화살표 방향으로 내려주고 가위도 화살표 방향으로 내려준다.

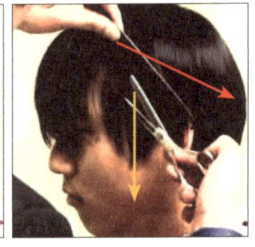

빗은 화살표 방향으로 모발을 밀면서 걷어주고 가위도 화살표 방향으로 내려준다.

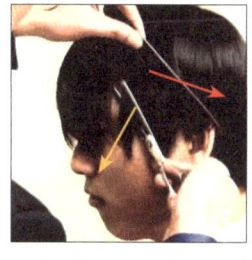

빗은 화살표 방향으로 모발을 밀면서 걷어주고 가위도 화살표 방향으로 내려준다.

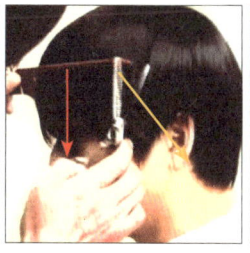

빗은 화살표 방향으로 내려주고 가위도 화살표 방향으로 밀어준다.

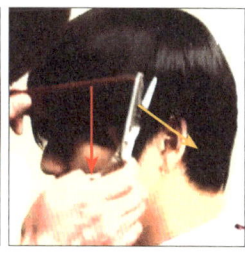

빗은 화살표 방향으로 내려주고 가위도 화살표 방향으로 밀어준다.

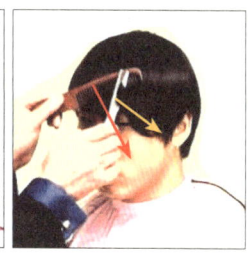

빗은 화살표 방향으로 내려주고 가위도 화살표 방향으로 밀어준다.

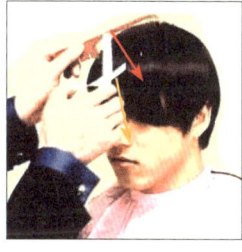

빗은 화살표 방향으로 내려주고 가위도 화살표 방향으로 내려준다.

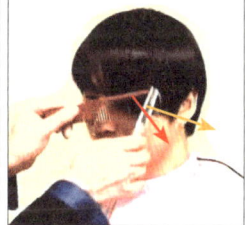

빗은 화살표 방향으로 내려주고 가위도 화살표 방향으로 밀어준다.

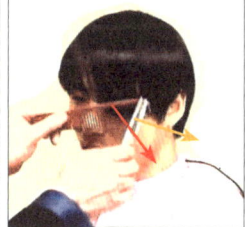

빗은 화살표 방향으로 내려주고 가위도 화살표 방향으로 밀어준다.

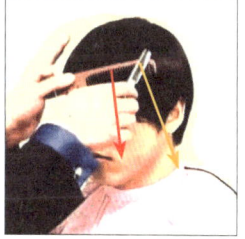

빗은 화살표 방향으로 내려주고 가위도 화살표 방향으로 내려준다.

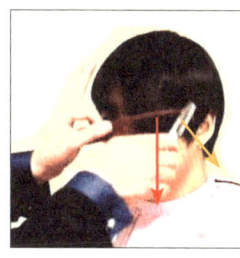

빗은 화살표 방향으로 내려주고 가위도 화살표 방향으로 밀어준다.

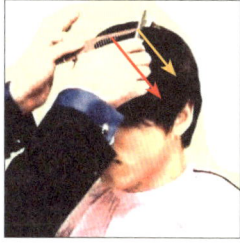

빗은 화살표 방향으로 내려주고 가위도 화살표 방향으로 내려준다.

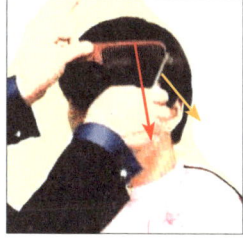

빗은 화살표 방향으로 내려주고 가위도 화살표 방향으로 밀어준다.

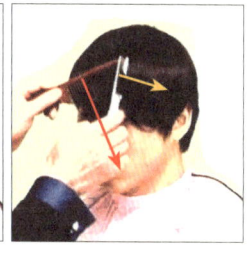

빗은 화살표 방향으로 내려주고 가위도 화살표 방향으로 밀어준다.

스타일 커트 두정부 기장커트 시술

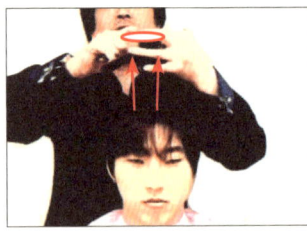

양쪽 눈 위 두정부의 모발을 화살표처럼 수평으로 잡아올린다. 앞모발에서 가마까지의 양을 6~7번으로 시술을 해준다.

시술할 때는 가위의 몸통을 손톱 쪽에 붙이고 사진처럼 손가락 등을 따라 한번에 커트한다.

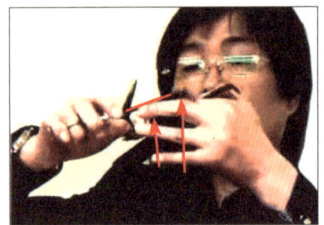

검지와 중지로 모발을 잡고 가위는 손톱 쪽에 대고 한번에 시술한다.

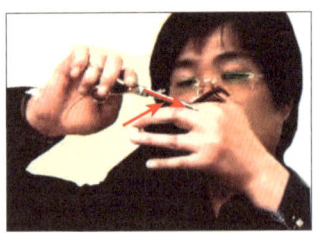

앞 사진은 가위의 몸통을 대는 모양이고, 이 사진은 모발을 절삭해 가위 끝이 손가락에 붙어 있는 모양이다.

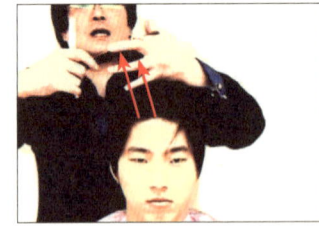

오른쪽 눈 윗부분의 모발을 사진처럼 10° 정도 기울여 시술한다. 손가락도 역시 10° 정도 기울여 시술한다. 이곳도 6~7번으로 나누어 시술한다.

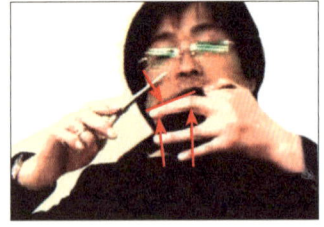

가위를 손가락에 대줄 때는 빨간 선처럼 대주어야 한다.

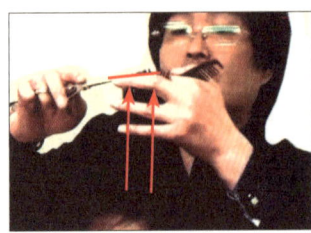

좌측 눈 위의 모발도 사진처럼 10° 정도 기울여주고 모발 역시 10° 정도 기울여 시술한다. 좌측 두정부도 앞 모발에서 가마까지의 양을 6~7번으로 시술해준다.

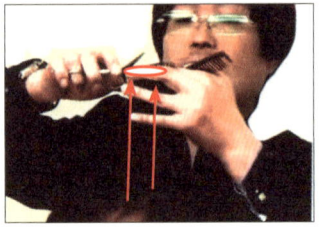

가위를 대고 한번에 시술해 모발을 깨끗이 해준다. 층을 내야 할 때는 포인트 커트를 하면 된다.

스타일 커트 측두부 기장커트 시술 1

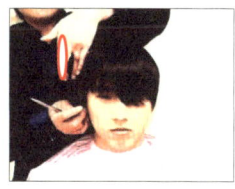

우측두부 귀 앞의 모발부터 사진에서처럼 세로 수직으로 모발을 잡아내면 모발의 자세는 수평으로 나오고 손가락은 수직으로 떨어지므로 크로스가 된다. 그렇게 해서 손가락 밖으로 나온 모발을 절삭한다.

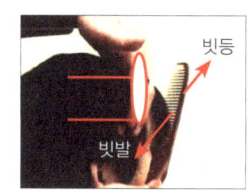

손가락은 세로 수직으로 자세를 잡고 손가락 밖으로 나온 모발을 절삭한다. 이때 가위의 자세는 세워잡기다. 모발을 빗으로 잡아낼 때는 빗발로 뿌리에서부터 한번에 잡아내어 검지와 중지로 잡는다.

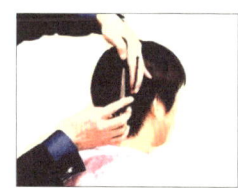

사진은 세워잡기 자세이다. 측두부의 모발을 시술할 때는 세워잡기의 자세가 좋다. 시술할 때 자세가 편해야 많은 시간을 작업해도 피로감이 없다.

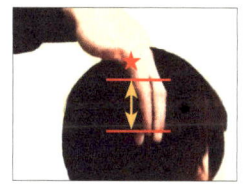

이제 후두부로 넘어가는 모양이다. 이 역시 손가락의 자세는 수직이지만 모발을 잡아낼 때는 주의해야 할 것이 있다. 사진의 별표 부분은 가마(크라운)인데 이 부분의 모발을 잡아내는 것이 아니라 화살표 부분의 모발을 수평으로 잡아내는 것이다. 가마 부분의 모발을 잡아내어 시술하면 모발이 짧아지게 되어 모발이 뻗치는 현상을 초래한다. 절대 시술을 금하는 곳이다.

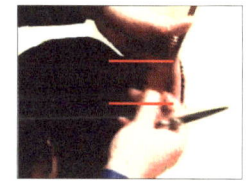

가마 밑부분의 모발을 절삭하며 후두부를 지나온다. 언제나 같은 자세를 유지해 주고 모발의 절삭은 한번에 이루어지도록 한다. 모발을 한번에 절삭하는 이유는 모발의 층을 내지 않으려 하는 것이기도 하고 시간 절약을 위해서이기도 하다.

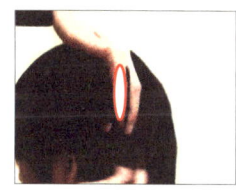

모발을 잡아낼 때는 2cm 정도의 양이 좋다. 물론 사람의 손으로 하는 작업이므로 3cm를 잡을 수도 있고 더 적은 양을 잡아낼 수도 있다. 하지만 모발을 2cm 정도만 잡아서 절삭을 해야 모발이 깨끗하게 잘린다. 많이 잡으면 절삭시에 모발이 밀리는 경향이 있으므로 주의한다.

스타일 커트 측두부 기장커트 시술 2

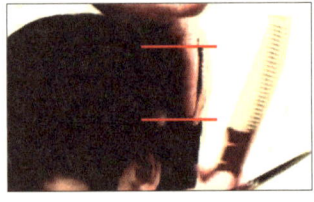

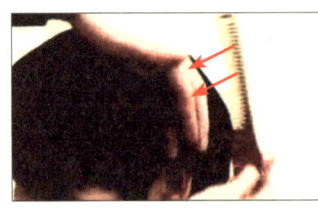

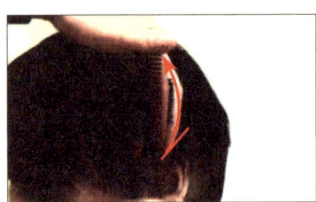

이제 좌측두부로 오는 장면이다. 이곳 역시 모발은 수평으로 드러내면서 손가락도 수직으로 하여 연결하듯이 시술한다. 모발을 잡아낼 때는 앞서도 얘기했듯이 빗으로 모발 뿌리에서부터 한번에 검지와 중지로 잡고 가위로 절삭한다.

앞에서 모발을 절삭했다면 사진처럼 바로 빗이 뿌리 부분으로 들어가서 빗으로 세워나오면서 모발을 검지와 중지로 잡는다. 그 후에 가위를 옆 사진의 빨간 선에 대고 한번에 손가락을 따라 돌면서 모발을 절삭한다.

빨간 선에 가위의 몸통을 대주고 손등을 따라 가위를 닫으며 모발을 절삭한다. 절삭을 하고 나면 파란 선에 가위의 날 끝이 오게 된다. 두상의 측두부 라인은 수직(│)으로 떨어지는 것이 아니라 곡선( ))으로 내려오므로 자르는 모양도 곡선으로 잘려야 한다.

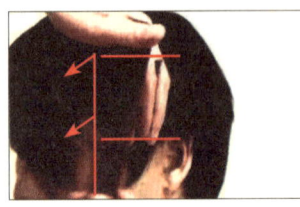

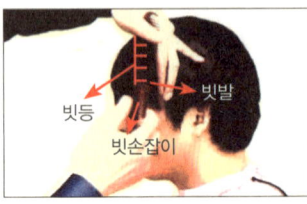

빗등 · 빗발 · 빗손잡이

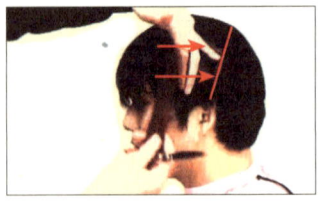

우측두부에서 시작해 후두부를 지나 좌측두부를 시술했고 이제 좌측두부 귀 앞 시술이다. 앞서 서술한 대로 시술을 하면 되는데, 이곳에서는 시술시에 몸이 돌지 못해서 화살표 방향으로 몸이 빠지게 된다. 하지만 다음 사진이 그 모양을 잡는 방법이다. 그 전에 귀앞모발은 30° 정도 화살표 쪽으로 당겨서 시술한다.

앞에서 좌측으로 시술하며 돌아오면 몸이 붙지 못하고 빠진다고 했다. 그 처방은 사진에서처럼 빗을 반대로 돌려 화살표 방향으로 빗을 밀면서 검지와 중지로 모발을 잡아낸다. 이전에는 빗몸이 우측이었고 빗발이 좌측이었는데 이때는 반대로 바뀌는 것이다. 빗을 이전에는 당기면서 시술을 했지만 지금은 빗을 밀면서 모발을 잡아야 한다.

빗을 후두부 쪽으로 밀면서 모발을 잡아내는데 이때는 E.P에서 G.P까지 선을 그은 곳에서 시술이 끝난다. 이 경우는 모발의 양을 2cm로 본다면 5번 정도만 시술을 하면 된다. 이때는 빗손잡이를 손가락으로 반대로 돌려서 밀어주며 모발을 잡는다. 이곳 역시 모발은 수평으로 잡아내고 손가락은 수직으로 자세를 유지해야 한다.

스타일 커트 클리퍼 시술 1

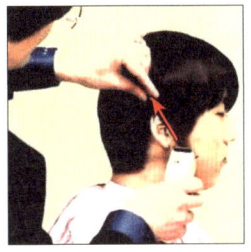

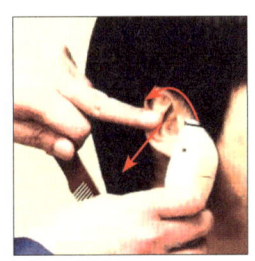

클리퍼 시술의 시작은 오른손잡이는 오른쪽에서, 왼손잡이는 왼쪽에서 시작하는 것이 좋다. 그 이유는 클리퍼 시술시 위험 요소가 없기 때문이다. 귀 앞부분은 사진에서처럼 빗이 사선으로 들어가서 빗발을 세우고 클리퍼의 날로 절삭한다.

절삭하고 남은 모발을 사진에서처럼 클리퍼의 밑날로 귀 위로 돌아가는 라인을 정리한다. 클리퍼로 시술할 때는 사진에서처럼 귀를 왼손의 중지로 안전하게 내리고 한다. 귀는 클리퍼의 날에 손상을 입기 쉬우므로 안전을 먼저 생각해야 한다.

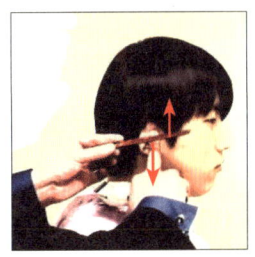

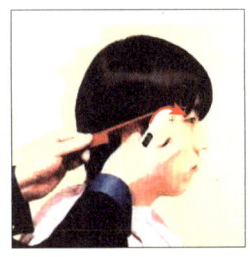

귀 윗부분에 빗이 들어갈 때는 사진에서처럼 오른손 중지로 귀를 눌러 내려놓으면 빗이 들어갈 공간이 생긴다. 이렇게 귀를 내리고 빗을 두피에 붙인 후 빗발을 세운 채 클리퍼를 빗에 붙이고 모발을 절삭하며 위로 올라간다.

귀 뒷부분에 빗이 들어갈 때는 사진에서처럼 오른손 중지로 귀를 눌러 내려놓으면 빗이 들어갈 공간이 생긴다. 이렇게 귀를 내리고 빗을 두피에 붙인 후 빗발을 세운 채 클리퍼를 빗에 붙이고 모발을 절삭하며 위로 올라간다.

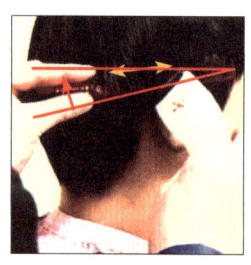

귀를 엄지로 안전하게 내려주고 빗을 사진에서처럼 사선으로 붙인 후 빗의 손잡이를 화살표 방향으로 수평으로 맞추면서 모발을 절삭한다. 이때 주의할 점은 사진에서처럼 클리퍼의 날 바닥으로 귀를 눌러주면서 클리퍼를 화살표처럼 전진, 후진하며 모발을 절삭하는 것이다.

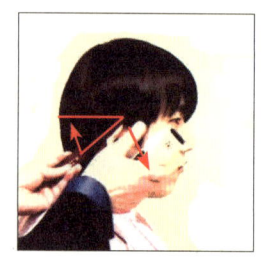

귀 뒷부분에 빗이 사선으로 되어 있다. 빗을 수평이 되게 클리퍼를 빗에 붙인 후 밑모발을 절삭하며 빨간 선까지 올라간다. 클리퍼의 시술시 절삭하는 양은 2~3cm 정도(ノ)인데 너무 자르지 않도록 주의한다.

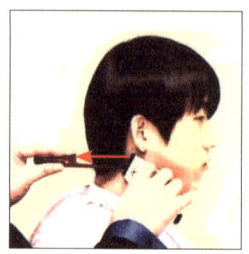

사진에서 보듯이 빗을 두피에 붙인 후 빗발을 세워주면 빗발 사이로 모발이 나오는데 이 모발을 절삭한다. 스타일 클리퍼 커트 시술시에는 상고 스타일의 시술 때와는 달리 밑모발을 2~3cm 정도만 빗으로 올리며 자르는데, 모발 끝만 자른다.

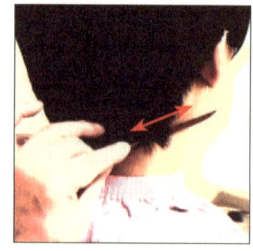

빗발에 걸쳐나온 모발을 사진에서처럼 2~3cm 정도만 절삭하며 올라간다. 무리하게 많은 모발을 자르면 스타일 커트가 아니고 상고 스타일로 바뀌기 때문에 상당한 주의를 요해야 한다.

스타일 커트 클리퍼 시술 2

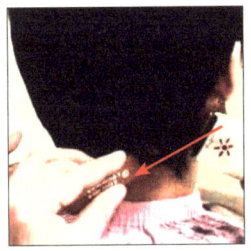

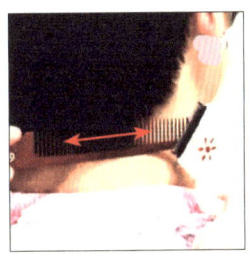

빨간 선 부분의 밑모발을 클리퍼로 시술하면 옆 사진이 나오게 된다. 모발을 시술할 때는 많은 양을 절삭하는 것이 아니라 지금까지 시술의 사진을 보았듯이 연결하듯이 시술을 하는 것이기 때문에 2~3cm 정도씩만 시술을 하며 모발의 연결을 자연스럽게 해준다.

후두부 밑모발은 빗을 두피에 붙이면서 빗발을 세워준다. 그렇게 되면 빗발에 모발이 들어오기 때문에 모발을 바로 세워주게 된다. 바로 세워진 모발을 빗과 클리퍼로 절삭하며 올라간다. 이때 빗이 올라가는 높이는 4cm 이상 되면 안 된다.

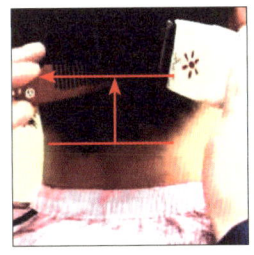

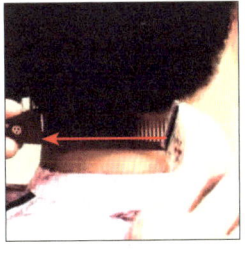

이 사진은 빗과 클리퍼가 시술해 올라간 모양인데 앞서 서술한 것과 같이 4cm 이상 올라가서는 안 된다. 사진의 자리에서 멈추고 다시 밑모발로 빗과 클리퍼가 내려와 좌측 밑모발로 넘어가서 같은 방법으로 시술한다.

후두부 밑부분의 모발은 언제나 빗이 수평으로 들어간다. 빗을 두피에 붙인 후 빗발을 세우고 곡선을 그리면서 3~4cm 정도의 위치까지 빗을 돌린다. 이 방법은 3박자의 요소를 갖는데 바로 **붙인다, 세운다, 돌린다**이다. 3박자 요소를 기억하자.

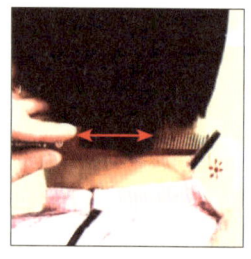

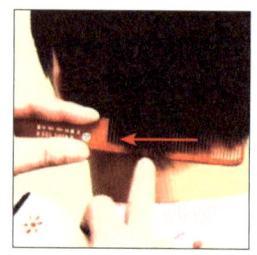

빨간 선 부분의 밑모발을 클리퍼로 시술한다. 모발을 시술할 때는 많은 양을 절삭하는 것이 아니라 지금까지 시술 사진을 보았듯이 연결하듯이 시술을 하는 것이기 때문에 2~3cm 정도씩만 시술을 해 모발의 연결을 자연스럽게 해준다.

사진의 손가락이 짚은 곳을 보자. 우측의 잘린 모발과 좌측의 잘리지 않은 모발을 잘린 모발과 같이 자르려면 빗 경계선에 잘린 모발을 놓고 잘리지 않은 모발과 같이 클리퍼 시술을 하면 같은 길이로 잘리게 된다.

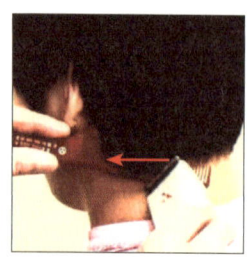

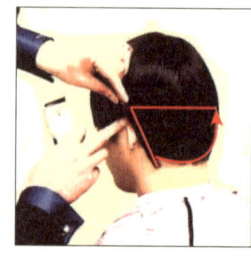

우측의 잘린 모발과 좌측의 잘리지 않은 모발을 잘린 모발과 같이 자르려면 빗 경계선에 잘린 모발을 놓고 잘리지 않은 모발과 같이 클리퍼 시술을 하면 같은 길이로 잘리게 된다. 이 역시 앞 사진과 같은 방식으로 시술한다.

후두부에서 좌측면 귀 뒤로 넘어가는 장면이다. 사진과 같이 귀는 오른손 중지로 내려놓고 빗을 두피에 붙이고 빗발을 세우며 화살표 방향으로 빗끝을 올리며 모발을 절삭하고 빗은 수평으로 만들어준다.

스타일 커트 스타일 클리퍼 시술 3

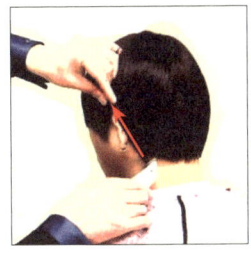

사진처럼 귀 뒤에 빗을 붙이고 빗발을 세운 뒤에 클리퍼의 아랫날을 빗에 대고 밑머리를 한번에 절삭한다. 그리고 화살표 방향으로 빗을 수평으로 만들면서 모발을 시술하며 올라간다. 이때 절삭되어 올라가는 곳은 3~4cm 정도이다.

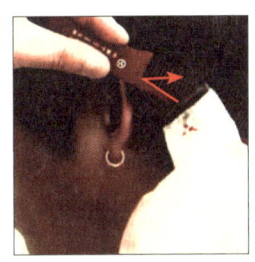

귀 뒤의 모발을 클리퍼로 절삭할 때 모발 끝부분만 절삭하는데 올라가는 곳은 3~4cm 정도로 한다. 빗을 사선에서 수평으로 만들면서 모발 끝만 절삭해준다. 스타일 클리퍼 커트는 상고 클리퍼 커트와는 달리 모발을 많이 자르지 않는다.

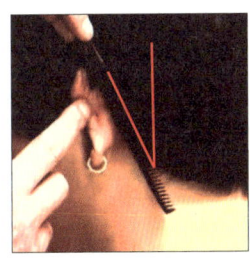

사진에서 보면 귀 뒤에 빗을 붙이는 장면인데 빗이 귀 뒤 모발 속으로 들어가서 빗을 두피에 붙이면 모발은 빗발 속으로 들어온다. 빗발에 들어온 모발을 빗으로 사진처럼 세워주면 모발은 빗발 속에서 바로 서게 되는데 그때 클리퍼로 시술한다.

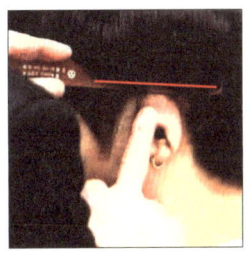

귀 위의 장면이다. 사진에서처럼 귀는 빗이 잘 들어갈 수 있도록 오른손 중지로 내려주고 빗을 귀 위로 들어가게 해서 빗몸을 두피에 붙인 후 빗발을 세워준다. 그런 뒤 귀 윗라인에 맞추어 모발을 클리퍼로 절삭한다.

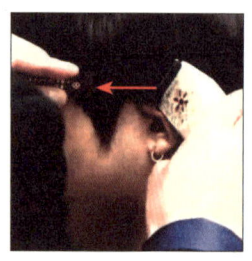

귀 위의 시술 장면인데 사진에서처럼 귀를 클리퍼의 날로 살며시 누르면서 귀 위의 라인만 클리퍼로 절삭한다. 이때 주의할 점은 라인을 절삭한 곳의 1cm 정도 윗모발만 한 번 더 절삭한다. 스타일 클리퍼 시술을 할 때는 많이 자르지 않는다.

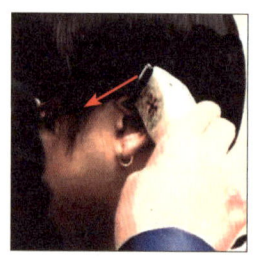

귀 위의 모발을 절삭한 후에는 사진에서처럼 귀앞모발을 절삭하는데 빗은 사진처럼 약간의 사선이 되어야 한다. 빗이 수평이 되어 구레나룻 부분까지 잘리게 되면 수습이 불가한 상황이 된다. 밑라인 모발만 잘라야 한다.

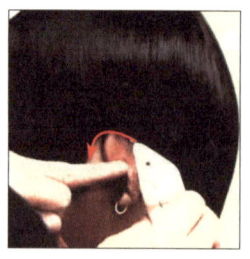

좌측의 사진처럼 밑모발을 절삭하고 나면 밑라인의 구획을 만들어야 귀 윗부분이 끝난다. 사진에서처럼 모발을 절삭하고 나면 귀 위의 라인에 잔털이 남게 되는데 잔털을 클리퍼의 밑날로 라인을 따라 정리한다.

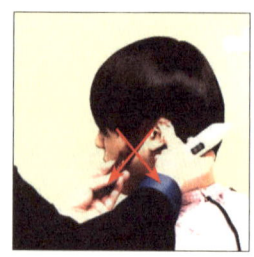

구레나룻 부분은 사진에서처럼 빗을 50° 정도로 기울여서 귀 앞부분 두피에 붙인다. 그리고 모발의 자를 양을 정한 후 빗을 세워 클리퍼로 절삭한다. 구레나룻 앞부분은 빗의 자세가 반대가 되도록 해 같은 방법으로 절삭한다.

연습 14일

스타일 커트 후두부 밑라인 시술방법

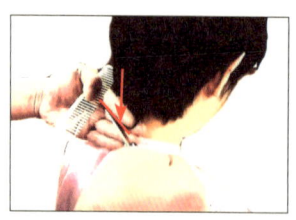 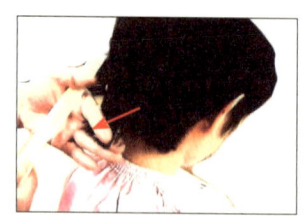 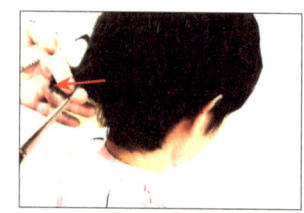

후두부 밑라인 중앙의 모발을 0°로 잡아내려 수평 커트 한다.

후두부 밑라인 중앙의 모발을 45°로 잡아올려 수평 커트 한다.

후두부 밑라인의 모발을 90°로 잡아올려 수평 커트 한다.

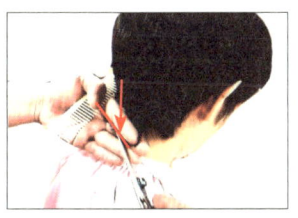 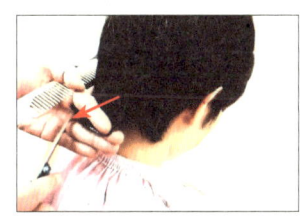 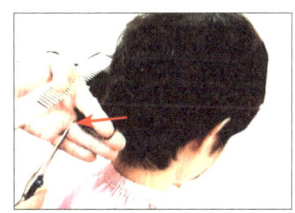

후두부 밑라인 좌측의 모발을 0°로 잡아내려 수평 커트 한다.	후두부 밑라인 좌측의 모발을 45°로 잡아올려 수평 커트 한다.	후두부 밑라인의 모발을 90°로 잡아올려 수평 커트 한다.

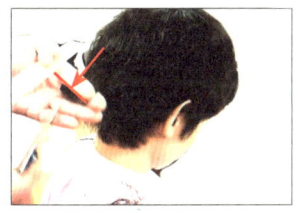 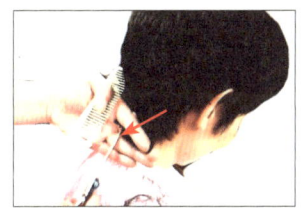 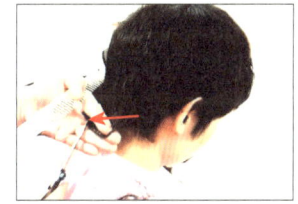

후두부 밑라인 우측의 모발을 0°로 잡아내려 수평 커트 한다.	후두부 밑라인 우측의 모발을 45°로 잡아올려 수평 커트 한다.	후두부 밑라인 우측의 모발을 90°로 잡아올려 수평 커트 한다.

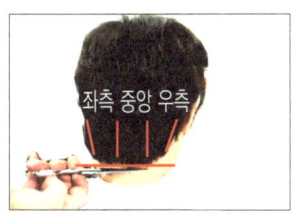

먼저 중앙 모발을 잡아내려 시술하고 45°, 90°로 모발을 잡아올려 수평 시술한다. 이후에 좌측 부분의 밑라인을 같은 방법으로 시술하고 밑라인 우측 라인도 같은 방식으로 시술한다. 밑라인을 사진처럼 3등분으로 나누고 위의 사진에 대비해 수평 커트 한다. 밑라인을 시술한 후에는 사진처럼 밑라인의 잘리지 않고 남아 있는 잔 모발을 가위밥을 주어 깨끗하게 처리한다.

스타일 커트 우 · 좌측두부 밑라인 시술방법

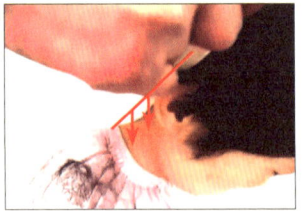

후두부의 시술이 끝나면 우측두부로 넘어오면서 스타일 커트를 시술한다. 측두부는 사진에서처럼 사선으로 내려온다.

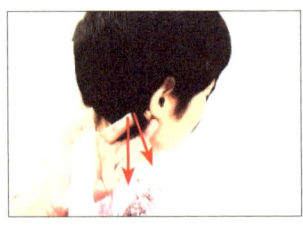

우측두부 밑라인의 모발을 0°로 잡아내려 사선 커트한다.

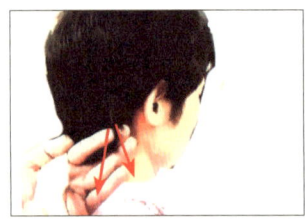

우측두부 밑라인의 모발을 45°로 잡아올려 사선 커트한다.

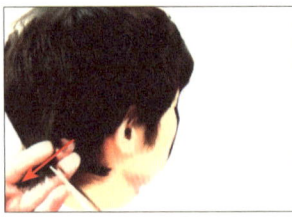

우측두부 밑라인의 모발을 90°로 잡아올려 사선 커트한다.

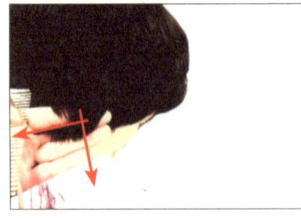

우측두부 귀 뒷라인의 모발을 0°로 잡아내려 사선 커트 한다.

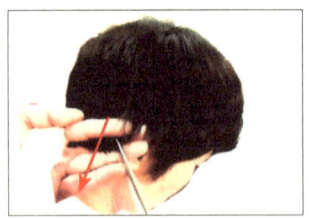

우측두부 귀 뒷라인의 모발을 45°로 잡아올려 사선 커트 한다.

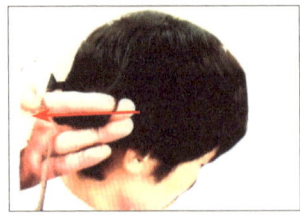

우측두부 귀 뒷라인의 모발을 90°로 잡아올려 사선 커트 한다.

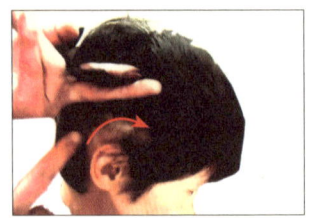

귀 윗부분은 사진처럼 둥그렇게 돌아오는 라인이다. 귀 위의 모발의 시술도 귀 라인에 맞추어 둥그렇게 시술한다.

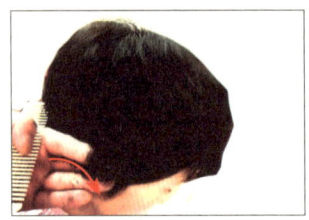

우측두부 귀 윗라인의 모발을 0°로 잡아내려 곡선 커트 한다.

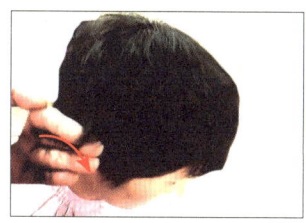

우측두부 귀 윗라인의 모
발을 45°로 잡아올려 곡선
커트 한다.

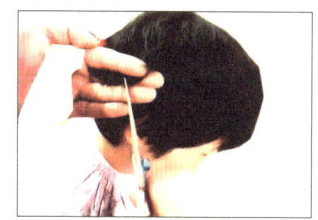

우측두부 귀 윗라인의 모
발을 90°로 잡아올려 곡선
커트 한다.

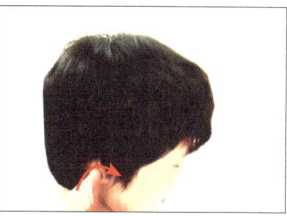

귀 윗부분은 사진처럼 둥
그렇게 돌아오는 라인이다
귀 위의 모발의 시술도 귀
라인에 맞추어 둥그렇게
시술한다.

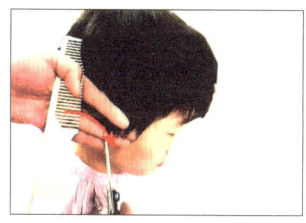

우측두부 귀 앞 라인의 모
발을 90°로 잡아올려 곡선
커트 한다.

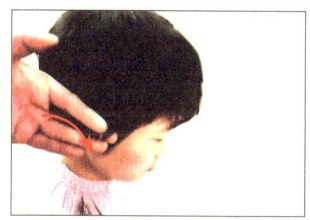

우측두부 귀 앞 라인의 모
발을 45°로 잡아올려 곡선
커트 한다.

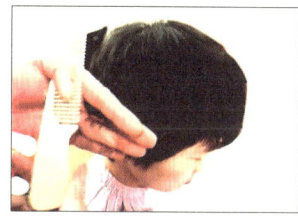

우측두부 귀 앞 라인의 모
발을 90°로 잡아올려 곡선
커트 한다.

스타일 커트 구레나룻 시술방법

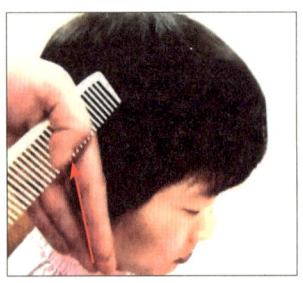

귀 앞의 구레나룻로 내려가는 모발을 사진처럼 수직에 가깝게 잡는데 손가락은 곡선을 만들고 가위로 손가락 앞으로 나온 모발을 일정하게 시술한다. 스타일 커트에서는 구레나룻의 부분이 중요한데 남자들의 로망이 구레나룻를 멋지게 기르는 것이기 때문이다.

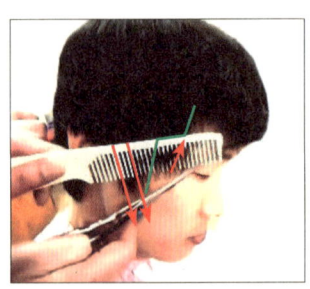

구레나룻의 앞 부분 시술은 두 가지로 나뉜다. 사진에서 보면 빗 속에 있는 모발과 가위 쪽의 모발 두 가지의 흐름이 있는데 사진의 녹색 선처럼 모류의 흐름을 가지고 있다. 따라서 구레나룻 앞 부분은 두 번의 시술이 필요하다. 사진의 화살표처럼 시술하는 것이 그 하나이다.

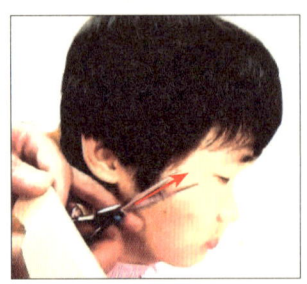

나머지 하나는 이 사진인데 앞 사진의 구레나룻 앞 모발의 윗부분을 시술했다면 이제 밑 부분의 시술을 한다. 사진처럼 모발을 앞으로 빗어 내리고 가위로 구레나룻 라인에 맞추어 시술한다.

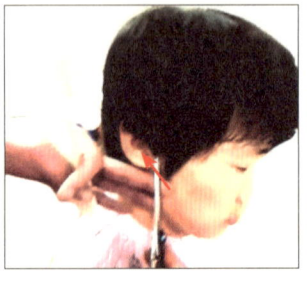

구레나룻 부분의 모발을 시술하고 나서 사진의 화살표처럼 모발을 빗어 내려놓고 귀 앞에서 귀 위로 돌아가는 라인에 잔 모발을 가위밥 시술한다.

*우측면의 시술이 끝나면 좌측면의 시술을 하는데, 좌측면은 모발을 잡은 손가락이 아래로 내려가게 된다는 것을 명심하고 같은 방식으로 시술한다.

실전

실전 1 쇼트커트

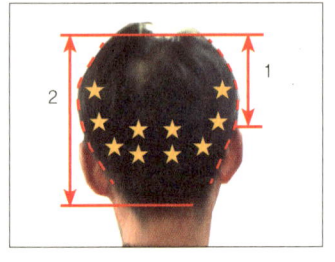

두정부에서 귀 위의 라인까지가 일반적으로 10cm라면 두정부에서 후두부 밑라인까지는 20cm 정도가 된다. 따라서 두상은 1：2 비율이 된다.

클리퍼의 라인은 1：2 비율에서 측두부 밑라인이 1cm 시술되었다면 후두부 밑라인은 2cm를 시술하는 것이 맞겠지만, 후두부의 경우는 측두부 시술에서 +1cm 시술하는 것이 좋다.

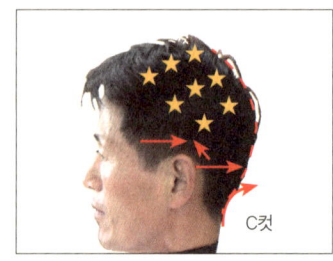

C컷

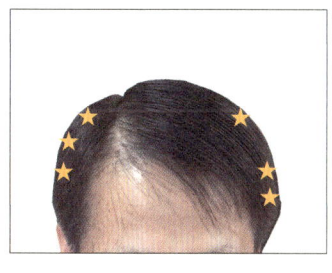

커트 시술의 공정은 숱(틴닝) → 기장 → 클리퍼 → 마무리의 형태인데 숱처리를 먼저 하는 이유는 모류와 질감을 먼저 정리해놓아야 기장커트를 할 때 모발을 잡기 쉽기 때문이다. 옆은 숱 정리를 한 사진인데 이처럼 먼저 모발을 차분하게 만들어놓는 것이 좋다.

시술하고 나서의 사진이다. 전체적으로 안정감과 함께 모발의 자연스러움을 알면 헤어스타일을 만드는 것이 어려운 일이 아니다. 위 사진과 비교해보면서 자신은 얼마나 시술할 것인지 고민해보라.

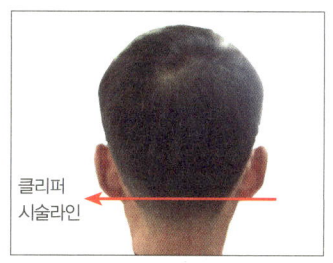

클리퍼
시술라인

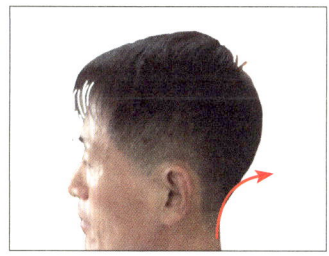

후두부 밑부분의 모발을 (↗)해서 클리퍼 라인을 만들어주는데 클리퍼의 시술을 C자형으로 한다고 해서 C커트라고 한다. 이 기술이 스타일을 만드는 데 가장 쉬운 기술일 수도 있다.

시술이 모두 끝나고 나서의 장면이다. 두정부에서 측두부로 내려오는 라인이 자연스러워야 한다.

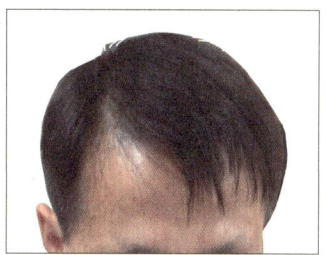

실전 2 쇼트커트

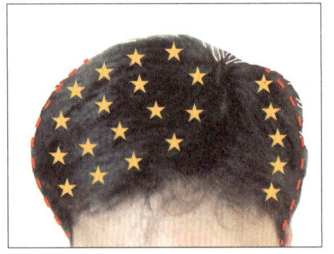

두정부에서 내려오는 전체 라인을 먼저 보고 어느 정도를 시술할 것인지 생각해본 뒤 클리퍼 시술한다.

측두부의 클리퍼 시술 라인은 언제나 후두부에서 시작해 좌측두부를 시술한 후 우측두부로 넘어간다.

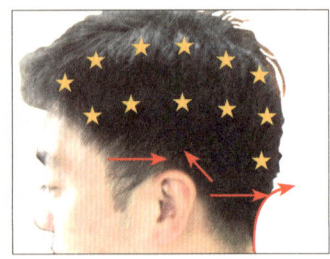

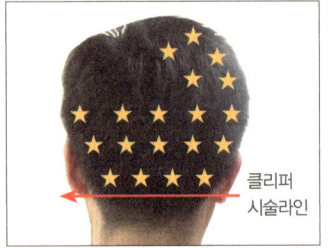

클리퍼
시술라인

후두부의 클리퍼 시술 라인을 정하고 클리퍼로 C컷 처리한다. 그리고 측두부의 전체 라인을 그려놓은 것과 같이 클리퍼 시술을 하여 전체적으로 자연스럽게 만든다.

두정부의 숱가위 시술 후의 사진이다. 위의 사진을 보면 모발이 뒤엉켜 불균형적인 모양이지만 이 사진은 자연스러움을 가지고 있다. 시술은 모발의 자연스러움을 먼저 가져야 한다.

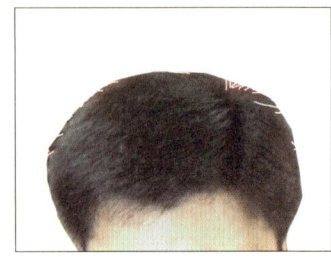

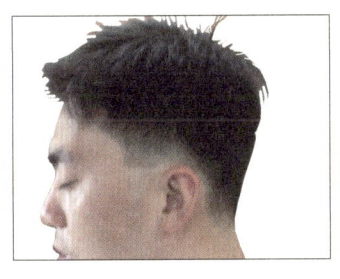

측두부는 사진에서처럼 밑 부분은 짧고 윗부분으로 올라가면서 어두워진다. 그 이유는 모양에서 명암이 차지하는 비중도 있어서이다. 중간부분의 모발을 잘못 자르면 그 부분은 밝아지게 된다.

전체적인 모양과 면을 보는 것도 중요하고 명암의 차이를 보는 것도 중요하다고 했다. 커트 시술의 모든 과정이 중요하지만 가장 중요한 것은 손님을 대하는 마음가짐일 것이다.

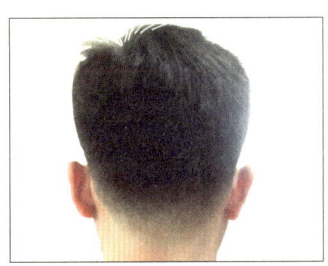

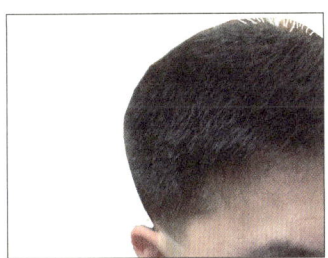

클리퍼 시술이 끝나면 면에 남아 있는 잔모발을 확인한 후 테이퍼링을 시술하여 면을 더 깨끗하게 한다.

실전 3 쇼트커트

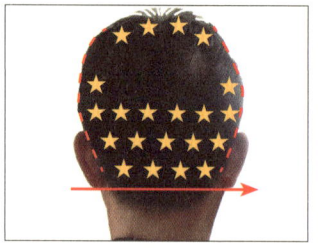

시술하기 전에 모발에 분무를 하는 이유는 모발 사이에 끼어 있는 이물질의 제거가 첫 번째이고, 두 번째는 시술의 용이함을 위해서이다. 시술 전에 모양을 정리해놓으면 숱 정리를 어떻게 해야 하는지 헤어스타일의 모양이 보이게 된다.

사진에서 클리퍼의 시술 라인과 두정부에서 후두부로 내려오는 라인을 보고 얼마큼 시술을 해야 하는지 생각해본다. 사진에서 보면 별표 부분이 꼬여 있고 뭉쳐 있는데, 이 부분과 함께 전체 모발을 숱 처리 해준다.

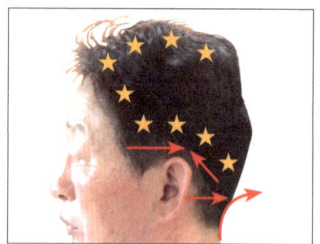

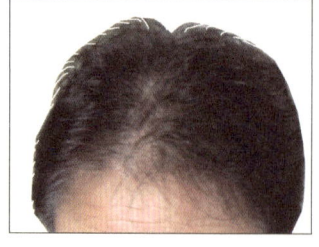

사진에서는 두정부의 모습이지만 전체 모발에 숱 시술을 하고 나면 사진처럼 전체의 모발을 자연스럽게 흘러내리는 모양새가 만들어진다. 숱 처리를 할 때는 깊숙이 넣어서 시술을 하면 안 된다.

후두부의 시술이 끝나도 완전히 끝난 것은 아니다. 미세하게 잘리지 않고 남아 있는 모발이 있기 마련이다. 남아 있는 모발을 테이퍼링 처리해 모발의 면이 더 깨끗하고 부드러워지게 해야 한다.

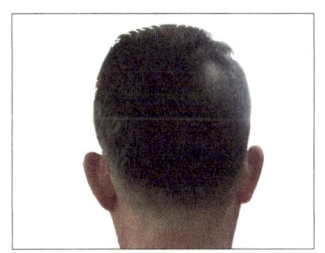

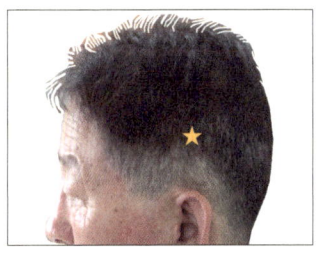

측두부의 시술도 마무리까지 다 했다면 한번의 체킹을 해봐야 한다. 사진에서처럼 별표 부분의 명암이나 다른 부분의 명암도 확인해보고 진한 부분이 있으면 숱가위로 조절해준다.

위 사진은 숱 처리만 한 사진이고 이번 사진은 모든 과정의 시술이 끝난 사진이다. 모발의 자연스러움을 만들어야 가장 예쁜 헤어스타일이 된다.

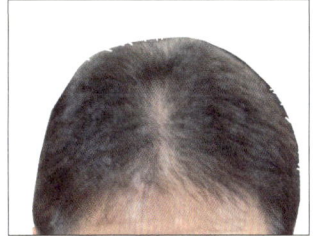

실전 4 쇼트커트

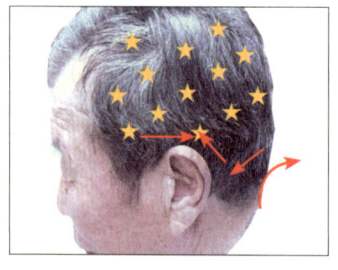

헤어스타일의 형태를 보면 별표 부분은 숱 시술을 해야 하는 곳이다. 모발을 단정히 빗어내린 다음 숱 정리를 하고 기장커트를 시술한 다음 클리퍼로 밑라인의 클리퍼 시술을 하고 우측두부에서 시작해 후두부를 지나 좌측두부에서 클리퍼 시술을 끝낸다. 마지막으로 마무리 작업 싱글링 처리를 해 모발의 연결을 자연스럽게 해준다.

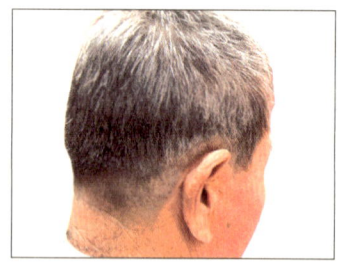

위의 사진에서처럼 클리퍼 시술이 끝나면 옆 사진의 모양이 나온다. 옆 사진처럼 뭉쳐 있고, 꼬여 있고, 뻗쳐 있는 모발을 숱 처리해 모발을 자연스럽게 내려놓는 것이 우선이라고 했다. 클리퍼의 시술 라인을 확인하고 시술하면 사진처럼 헤어스타일이 만들어진다. 모발을 자르는 것에 어려움을 느끼는 사람들이 많은데 현대는 시간과의 싸움이다. 빠른 시간 안에 헤어스타일의 완성을 깨끗이 할 수 있다면 당신은 준비된 이 · 미용인이 될 것이다.

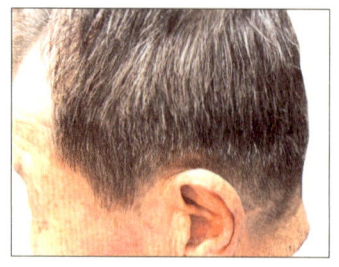

앞서도 서술했지만 클리퍼 시술을 했다고 해서 완벽하게 되기는 어렵다. 따라서 보완하는 작업이 바로 테이퍼링 시술이다. 테이퍼링 기법을 하는 이유는 미세하게 남아 있는 잔 모발의 정리 의미도 있지만 클리퍼로 시술을 하면 클리퍼의 날이 모발을 터트리는 단점이 있어서 테이퍼링 기법으로 모발 끝 부분의 터진 모발을 잡아내기 때문이다.

실전 5 아동 스타일

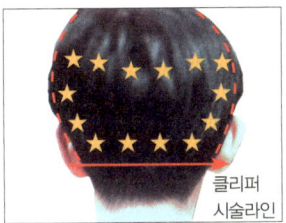

클리퍼
시술라인

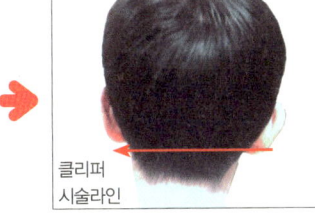

클리퍼
시술라인

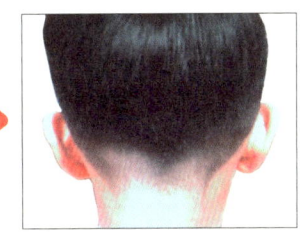

뒤에 자세한 시술 도해도가 있으므로 여기서는 모양에 대해서만 알아본다. 별표 부분에 숱 처리를 하여 모발의 자연스러움을 만들어 주고 클리퍼 라인에 맞추어 클리퍼 시술을 한다.

숱 처리를 하고 나면 위의 사진처럼 자연스럽게 된다. 옆 사진과 비교해보면 알 수 있을 것이다. 이제 기장커트를 시술하고 클리퍼 커트를 시술한다.

후두부 밑라인의 별표 부분을 보면 어두운 부분이 보인다. 이곳을 명암 처리해 명암의 차이를 완곡하게 해 주어야 한다. 아이들은 이곳이 발육이 덜 되어 움푹 파여 있다. 이곳을 시술할 때는 얼굴을 숙이게 해서 시술한다.

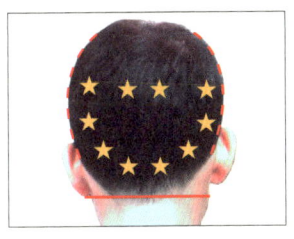

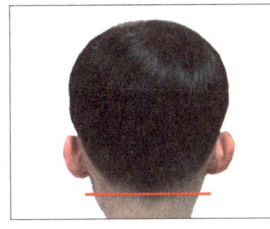

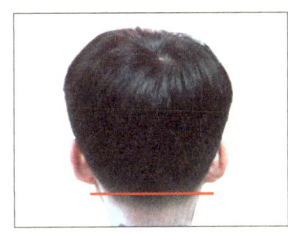

어린이의 헤어스타일을 깨끗하게 시술한 사진이다. 후두부 밑 부분의 모발을 클리퍼 처리로 1cm 정도만 시술하고 전체 모양을 사진처럼 자르면 된다.

기본형인 상고 스타일이다. 고객들이 속칭 '단정하게 해주세요' 할 때 이 헤어스타일을 시술하면 된다.

'시원하세 해주세요' 할 때의 헤어스타일인데 후두부 밑을 3cm 정도 클리퍼 시술한 후 전체 형을 만들어준다. 어린이들의 헤어스타일은 두정부나 측두부보다 후두부 밑라인이 중요하다.

실전 6 곱슬 커트

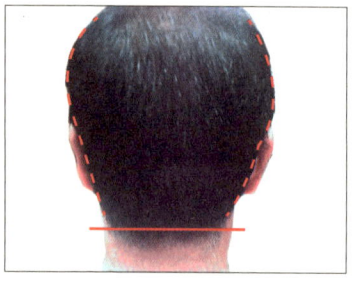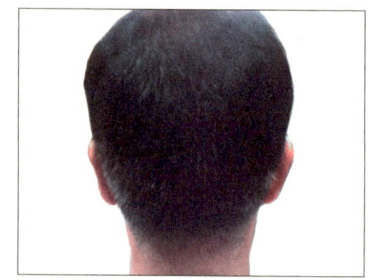

후두부 밑라인의 모양을 보고 전체적으로 올라가는 라인을 보라. 커트의 기본형인 상고 스타일보다 긴 스타일이다. 밑라인만 끊어내는데 모발 양이 적어 숱은 정리만 한다는 기분으로 해주고 밑라인만 단정히 잘라낸다.

시술을 마치고 난 후의 헤어스타일이다. 전체 모양을 다듬어내는 스타일이라 좀 덜 잘린 형태같지만 스타일은 고객의 의중에 맞게 시술하는 것이 좋다.

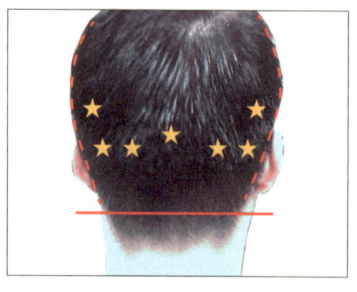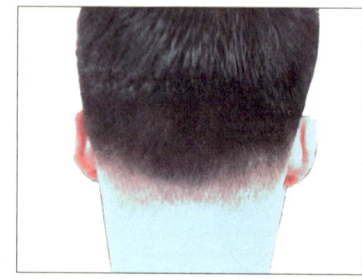

쇼트커트형의 스타일이다. 후두부 밑모발의 클리퍼 처리를 5cm 정도로 하고 전체 모양을 차분하게 만들어준다. 후두부 부분이 돌출형이라 빗을 두피 쪽에 너무 붙이면 돌출된 부분이 표시가 날 수 있으므로 이런 모양은 먼저 확인하고 시술한다.

헤어스타일을 시술하는 데 있어서 기술도 중요하지만 고객을 대하는 마음이 더 중요하다. 고객의 모발이 내 모발이라고 생각하면 아무래도 조심을 더 하게 되어 완성도가 높아진다.

실전 7 곱슬 커트

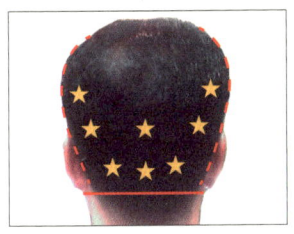 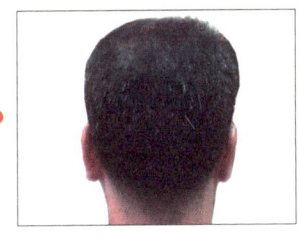 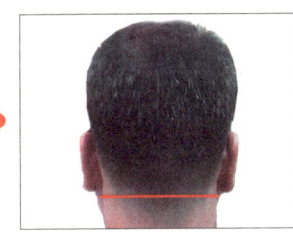

곱슬머리 스타일은 초보에게는 시술하기 무척 쉬운 스타일이다. 시술이 좀 잘 못되어도 표시가 잘 나지 않기 때문이다. 별표 부분에 숱가위로 꼬여있는 모발을 전부 정리하여 옆 사진처럼 자연스럽게 만들어준다.

옆 사진과 비교해보면 별표 부분이 위 사진에서는 차분하게 내려오고 있다. 이렇게 모발을 단정하게 만들어 놓는 것이 우선이라고 누차 서술했다. 그리고 기장커트를 하여 전체 모발을 고르게 만든다.

기장커트를 한 후에 후두부 밑라인을 클리퍼 처리하고 측두부와 후두부 라인을 시술하여 위의 사진처럼 스타일 시술을 완성한다.

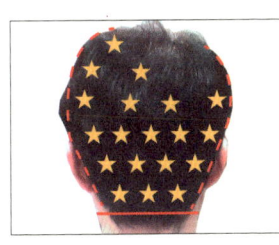 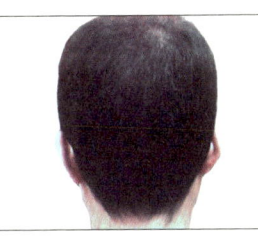 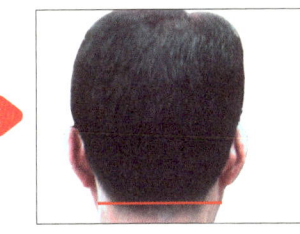

곱슬머리 스타일은 꼬여서 내려오는 모류를 뜻하는데 가라앉은 부분은 어두운 부분이고, 튀어나온 부분은 밝은 부분이다. 튀어나온 부분을 숱 처리하여 차분하게 가라앉은 모발과 같은 형태로 만들어준다.

옆 사진과 비교해보면 별표 부분이 위 사진에서는 차분하게 내려오고 있다. 이렇게 모발을 단정하게 만들어 놓는 것이 우선이라고 누차 서술했다. 그리고 기장커트를 하여 전체 모발을 고르게 만든다.

기장커트를 한 후에 후두부 밑라인을 클리퍼 처리하고 측두부와 후두부 라인을 시술하여 위의 사진처럼 스타일 시술을 완성한다.

실전 8 곱슬 커트

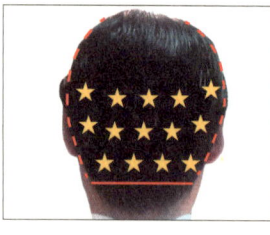 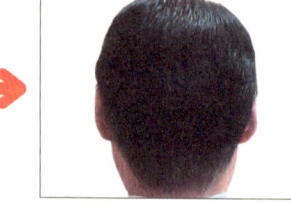 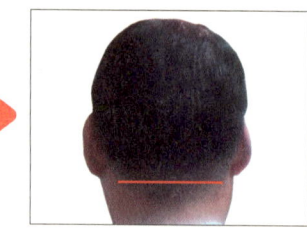

곱슬머리 스타일은 꼬여서 내려오는 모류를 뜻하는데 가라앉은 부분은 어두운 부분이고, 튀어나온 부분은 밝은 부분이다. 튀어나온 부분을 숱 처리하여 차분하게 가라앉은 모발과 같은 형태로 만들어준다.

옆사진과 비교해보면 별표 부분이 위 사진에서는 차분하게 내려오고 있다. 이렇게 모발을 단정하게 만들어 놓는 것이 우선이라고 누차 서술했다. 그리고 기장커트를 하여 전체 모발을 고르게 만든다.

기장커트를 한 후에 후두부 밑라인을 클리퍼 처리하고 측두부와 후두부 라인을 시술하여 위의 사진처럼 스타일 시술을 완성한다.

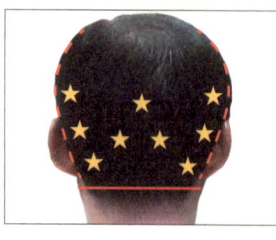 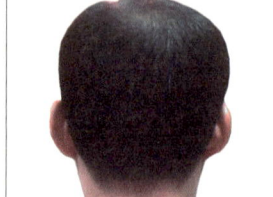 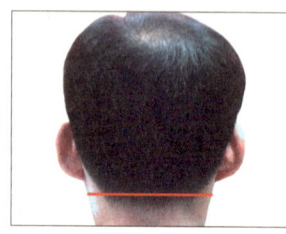

숱(틴닝)가위를 처리하는 데 있어서 가장 중요한 곳은 귀 위 부분일 것이다. 이곳은 숱(틴닝)처리에 까다로운 곳이다. 그 이유는 귀가 돌출되어 있기 때문인데 귀를 손가락으로 내리는 것이 아니라 귀와 두피 사이로 숱(틴닝)가위가 사선으로 들어가서 시술한다.

옆 사진과 비교해보면 별표의 부분이 위 사진에서는 차분하게 내려오고 있다. 이렇게 모발을 단정하게 만들어놓는 것이 먼저라고 누차 서술했다. 그리고 기장커트를 하여 전체 모발을 고르게 만든다.

기장커트를 한 후에 후두부 밑라인을 클리퍼 처리하고 측두부와 후두부 라인을 시술하여 위의 사진처럼 스타일 시술을 완성한다.

실전 9 곱슬 커트

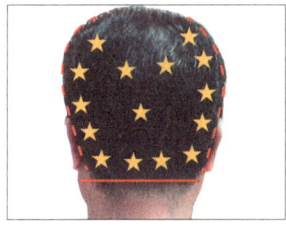
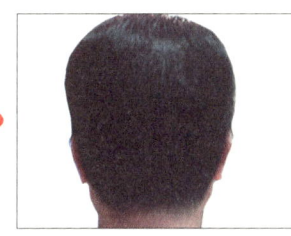
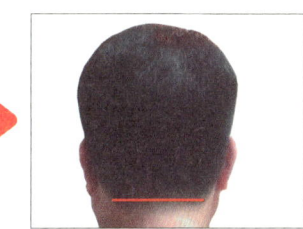

숱 처리가 그리 어려운 것은 아니지만 모발을 볼 때 불필요한 모발과 필요한 모발을 구분할 줄 알아야 한다. 숱 처리는 누구나 쉽게 할 수 있는 기술이지만 누구나 할 수 없는 기술이기도 하다. 단지 숱의 감소를 생각한다면 쉽고, 모류를 잡으려 한다면 어려운 것이 또한 숱 처리이다.

앞서 귀 위의 숱 처리가 가장 어렵다고 했다. 가위를 바로잡기해서 시술할 때 귀를 손가락으로 내리면서 빗이 귀 뒤로 들어가서 빗몸을 두피에 붙여올리는 방법은 정말 숱을 잘라내는 것이고, 귀 뒤에 가위가 사선으로 들어가서 시술하는 것은 모류를 잡기 위함이다.

기장커트를 한 후에 후두부 밑라인을 클리퍼 처리하고 측두부와 후두부의 라인을 시술하여 위의 사진처럼 스타일 시술을 완성한다.

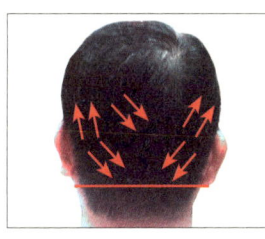
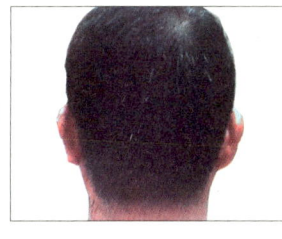
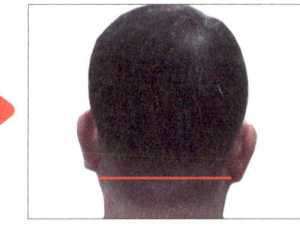

화살표 방향으로 숱가위를 사선으로 모발 사이로 넣어 모발을 절삭하며 밑으로 가위를 닫은 채 내린다. 모발의 엉킴, 뻗침, 튀어나옴 등 모류에 악영향을 주는 부분의 모발을 순행으로 만들기 위해 숱가위로 처리하는 기술이다.

뻗치는 모발을 숱가위로 역행하게 되면 모발이 더 들쳐일어나기 때문에 뻗치는 모발을 모류를 따라 순류하도록 해야 한다. 하지만 가라앉아 있는 모류는 역행을 하면 모발이 탄력을 받아서 모류가 살아나게 된다.

기장커트를 한 후에 후두부 밑라인을 클리퍼 처리하고 측두부와 후두부의 라인을 시술하여 위의 사진처럼 스타일 시술을 완성한다.

실전 10 상고 커트

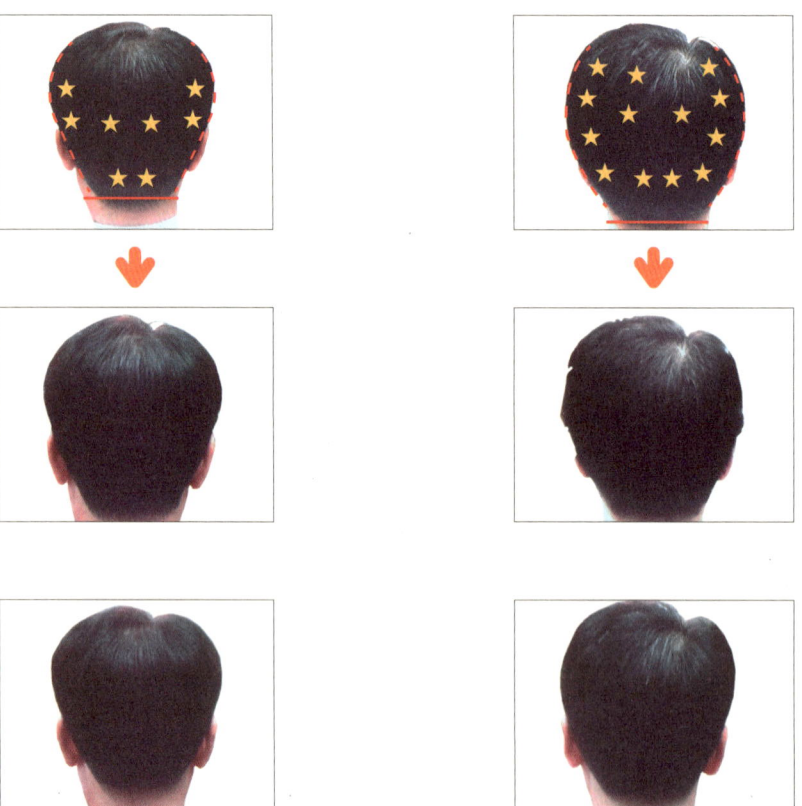

맨 위 사진의 별표 부분을 숱가위로 정리하고 모발을 단정히 빗어내리면 중간 사진처럼 자연스럽게 된다. 귀의 뒷부분은 반드시 화살표대로 숱가위가 사선으로 들어가서 모발의 무거움을 감소시키도록 한다. 모류를 자연스럽게 내려주면서 클리퍼 시술로 마무리 짓는다.

맨 위 사진의 별표 부분을 숱가위로 정리하고 모발을 단정히 빗어내리면 중간 사진처럼 자연스럽게 된다. 귀의 뒷부분은 반드시 화살표대로 숱가위가 사선으로 들어가서 모발의 무거움을 감소시키도록 한다. 모류를 자연스럽게 내려주면서 클리퍼 시술로 마무리 짓는다.

실전 11 상고 커트

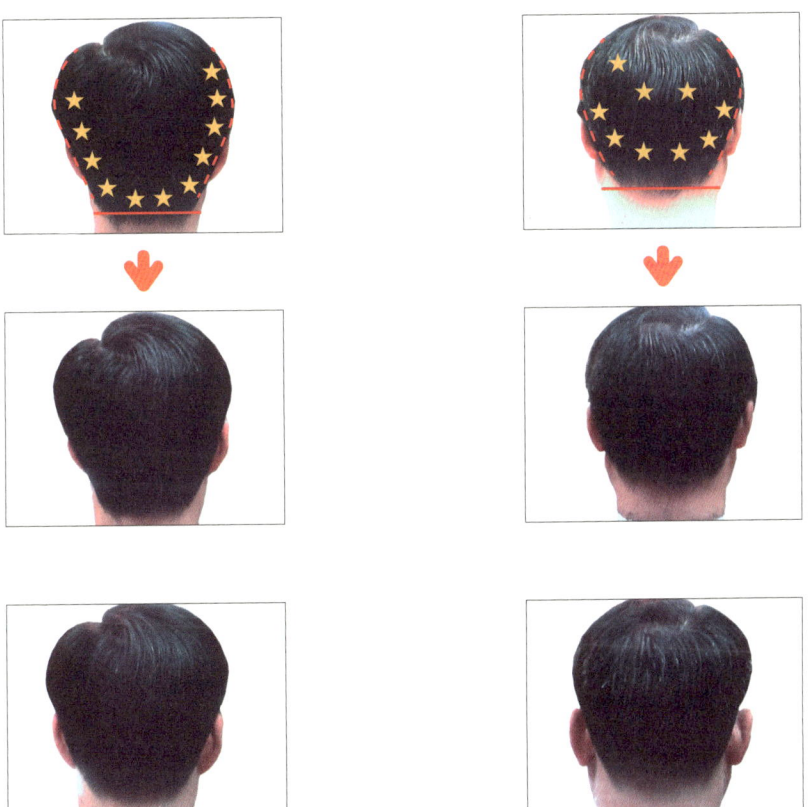

맨 위 사진의 별표 부분을 숱가위로 정리하고 모발을 단정히 빗어내리면 중간 사진처럼 자연스럽게 된다. 귀의 뒷부분은 반드시 화살표대로 숱가위가 사선으로 들어가서 모발의 무거움을 감소시키도록 한다. 모류를 자연스럽게 내려주면서 클리퍼 시술로 마무리 짓는다.

맨 위 사진의 별표 부분을 숱가위로 정리하고 모발을 단정히 빗어내리면 중간 사진처럼 자연스럽게 된다. 귀의 뒷부분은 반드시 화살표대로 숱가위가 사선으로 들어가서 모발의 무거움을 감소시키도록 한다. 모류를 자연스럽게 내려주면서 클리퍼 시술로 마무리 짓는다.

실전 12 상고 커트

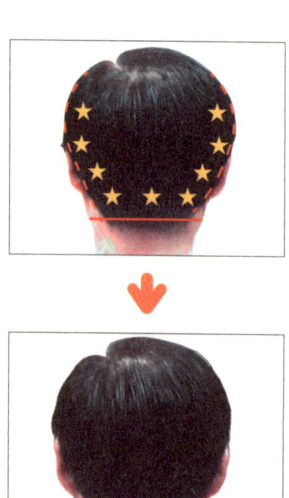

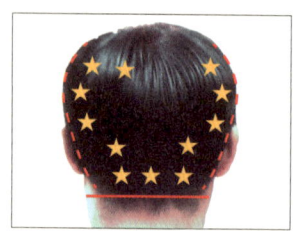

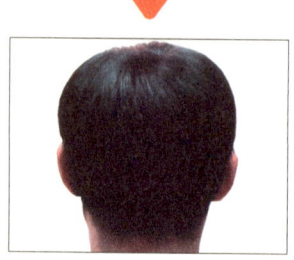

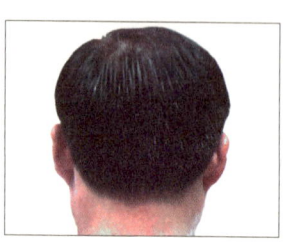

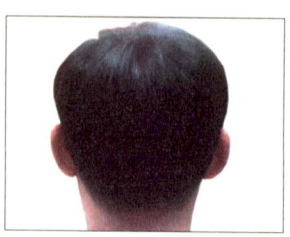

맨 위 사진의 별표 부분을 숱가위로 정리하고 모발을 단정히 빗어내리면 중간 사진처럼 자연스럽게 된다. 귀의 뒷부분은 반드시 화살표대로 숱가위가 사선으로 들어가서 모발의 무거움을 감소시키도록 한다. 모류를 자연스럽게 내려주면서 클리퍼 시술로 마무리 짓는다.

맨 위 사진의 별표 부분을 숱가위로 정리하고 모발을 단정히 빗어내리면 중간 사진처럼 자연스럽게 된다. 귀의 뒷부분은 반드시 화살표대로 숱가위가 사선으로 들어가서 모발의 무거움을 감소시키도록 한다. 모류를 자연스럽게 내려주면서 클리퍼 시술로 마무리 짓는다.

실전 13 상고 커트

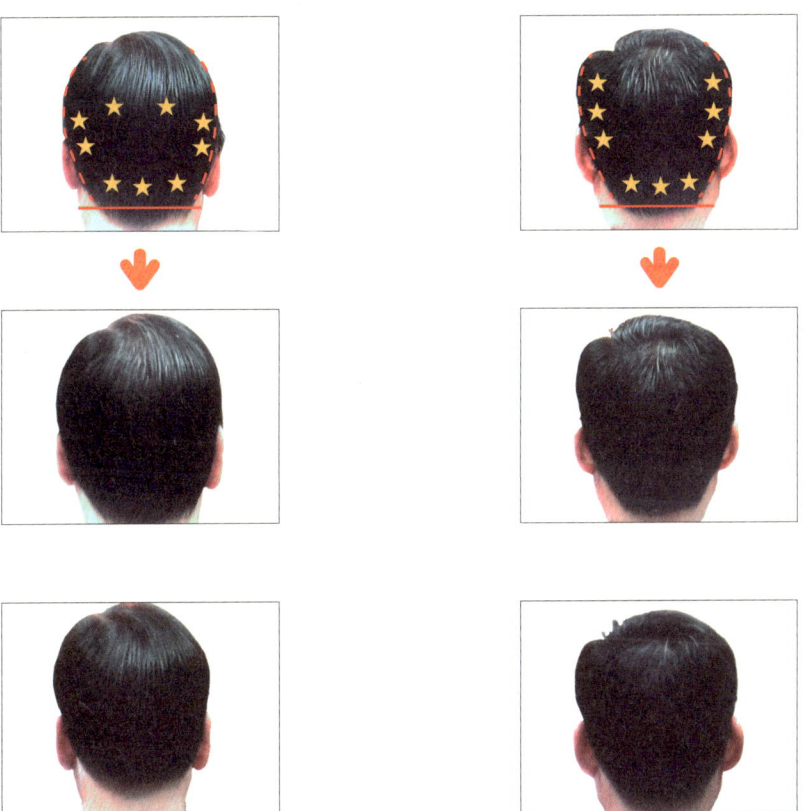

맨 위 사진의 별표 부분을 숱가위로 정리하고 모발을 단정히 빗어내리면 중간 사진처럼 자연스럽게 된다. 귀의 뒷부분은 반드시 화살표대로 숱가위가 사선으로 들어가서 모발의 무거움을 감소시키도록 한다. 모류를 자연스럽게 내려주면서 클리퍼 시술로 마무리 짓는다.

맨 위 사진의 별표 부분을 숱가위로 정리하고 모발을 단정히 빗어내리면 중간 사진처럼 자연스럽게 된다. 귀의 뒷부분은 반드시 화살표대로 숱가위가 사선으로 들어가서 모발의 무거움을 감소시키도록 한다. 모류를 자연스럽게 내려주면서 클리퍼 시술로 마무리 짓는다.

실전 14 상고 커트

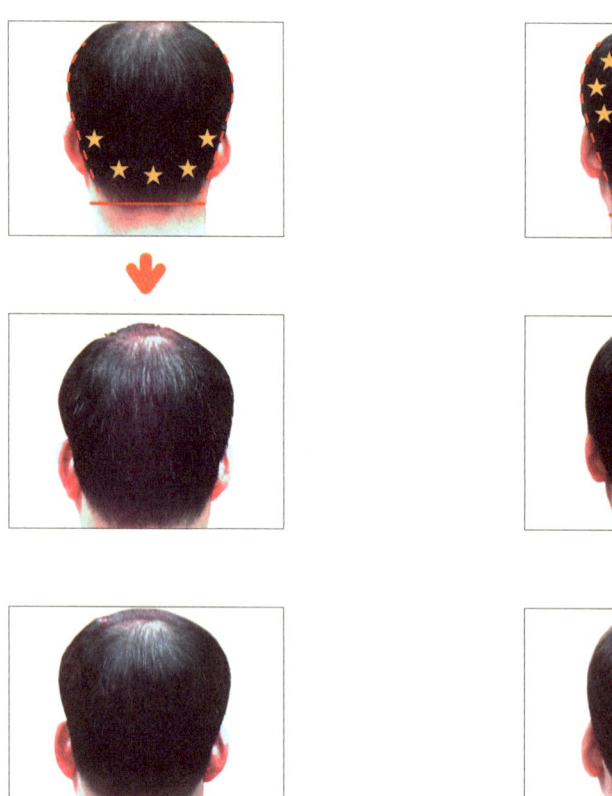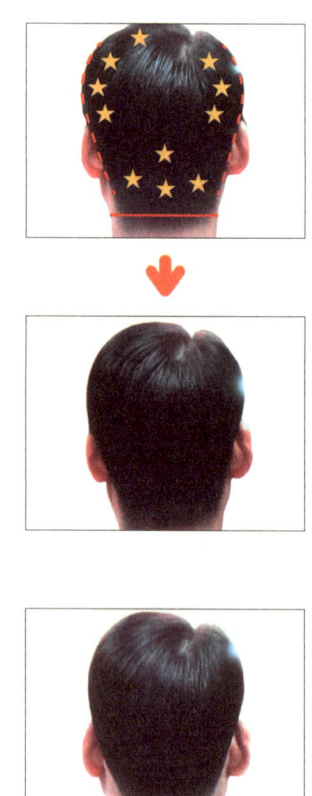

맨 위 사진의 별표 부분을 숱가위로 정리하고 모발을 단정히 빗어내리면 중간 사진처럼 자연스럽게 된다. 귀의 뒷부분은 반드시 화살표대로 숱가위가 사선으로 들어가서 모발의 무거움을 감소시키도록 한다. 모류를 자연스럽게 내려주면서 클리퍼 시술로 마무리 짓는다.

맨 위 사진의 별표 부분을 숱가위로 정리하고 모발을 단정히 빗어내리면 중간 사진처럼 자연스럽게 된다. 귀의 뒷부분은 반드시 화살표대로 숱가위가 사선으로 들어가서 모발의 무거움을 감소시키도록 한다. 모류를 자연스럽게 내려주면서 클리퍼 시술로 마무리 짓는다.

실전 15 제비추리 커트

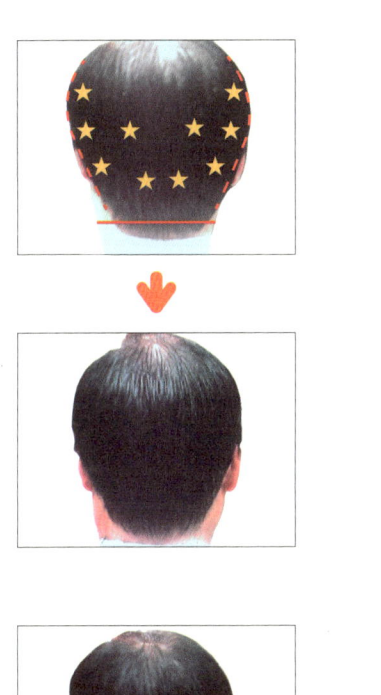

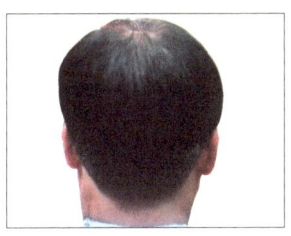

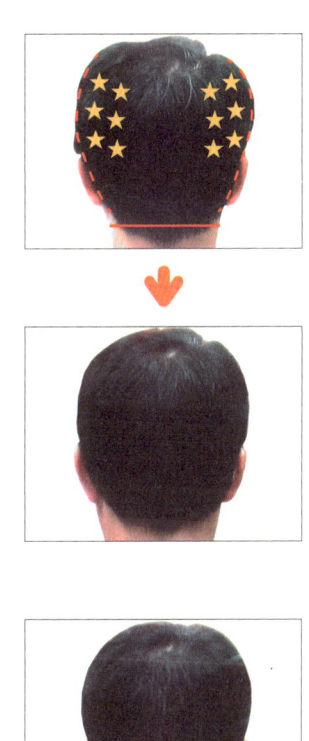

맨 위 사진의 별표 부분을 숱가위로 정리하고 모발을 단정히 빗어내리면 중간 사진처럼 자연스럽게 된다. 귀의 뒷부분은 반드시 화살표대로 숱가위가 사선으로 들어가서 모발의 무거움을 감소시키도록 한다. 모류를 자연스럽게 내려주면서 클리퍼 시술로 마무리 짓는다.

맨 위 사진의 별표 부분을 숱가위로 정리하고 모발을 단정히 빗어내리면 중간 사진처럼 자연스럽게 된다. 귀의 뒷부분은 반드시 화살표대로 숱가위가 사선으로 들어가서 모발의 무거움을 감소시키도록 한다. 모류를 자연스럽게 내려주면서 클리퍼 시술로 마무리 짓는다.

실전 16 제비추리 커트

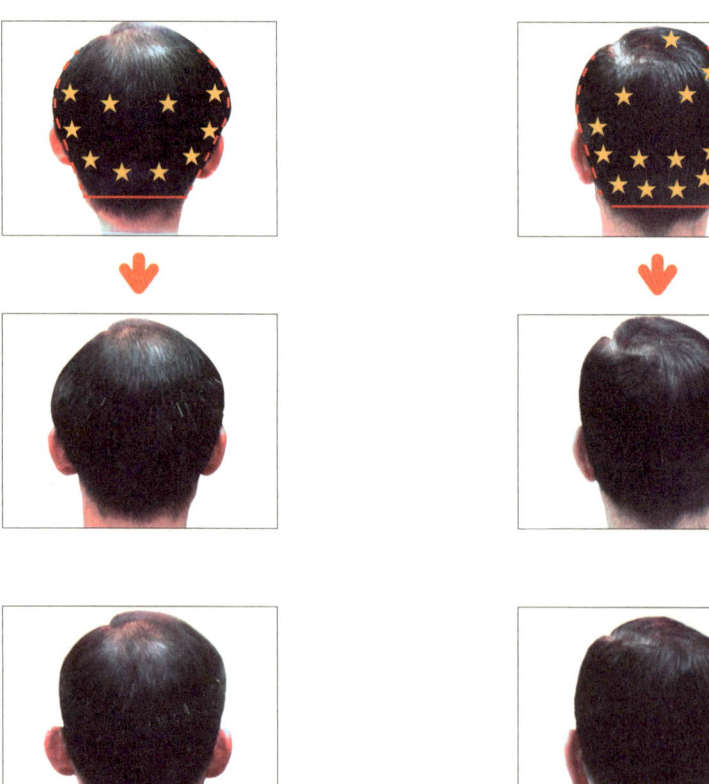

맨 위 사진의 별표 부분을 숱가위로 정리하고 모발을 단정히 빗어내리면 중간 사진처럼 자연스럽게 된다. 귀의 뒷부분은 반드시 화살표대로 숱가위가 사선으로 들어가서 모발의 무거움을 감소시키도록 한다. 모류를 자연스럽게 내려주면서 클리퍼 시술로 마무리 짓는다.

맨 위 사진의 별표 부분을 숱가위로 정리하고 모발을 단정히 빗어내리면 중간 사진처럼 자연스럽게 된다. 귀의 뒷부분은 반드시 화살표대로 숱가위가 사선으로 들어가서 모발의 무거움을 감소시키도록 한다. 모류를 자연스럽게 내려주면서 클리퍼 시술로 마무리 짓는다.

숱가위 시술 도해도

숱가위 처리 도해도 1 아동 커트

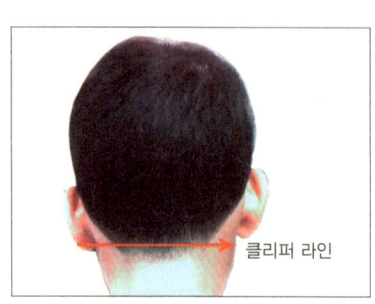

클리퍼 라인

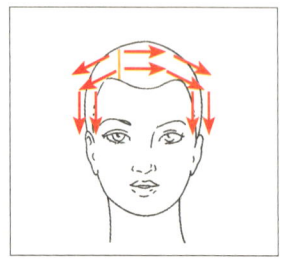

화살표 방향은 숱가위 시술을 하기 위한 방향을 설명하는 것이다. 위의 사진을 보면 가마가 오른쪽에 있다. 오른쪽 가르마를 갈라놓은 상태에서 두정부의 숱가위 처리를 하는데 화살표 방향으로 숱가위를 사선 처리한다. 숱가위 처리가 잘 되어 있으면 모발이 차분하게 내려오게 된다.

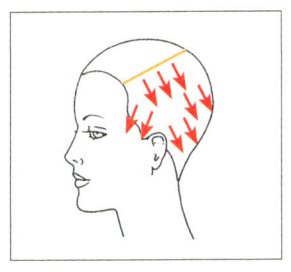

　　측두부의 숱가위 시술 도해도인데 그림의 화살표 방향으로 내
리면서 숱 처리 해준다. 숱가위가 모발 사이로 1/2 이상 들어가
서는 안 된다. 1/2 이상 들어가게 되면 숱 처리된 모발이 짧아진
다. 짧아진 모발이 잘리지 않은 모발을 밀어서 모발이 뜨는 현상
을 만들게 되므로 1/2 이상 들어가면 안 된다.

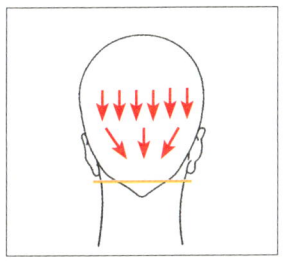

　　사진 속의 클리퍼 라인을 보자. 위의 사진처럼 단정한 스타일
을 만들 때는 후두부 밑 부분의 클리퍼 라인이 많이 올라가지
않도록 밑라인에서 1cm 정도만 클리퍼 처리를 한다.

숱가위 처리 도해도 2 아동 커트

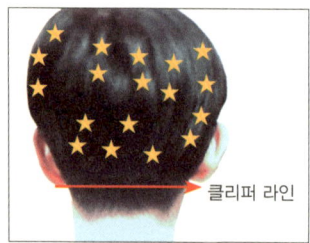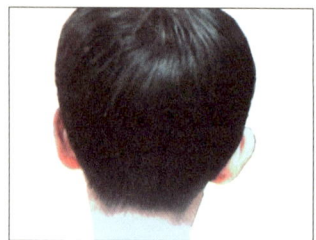

클리퍼 라인

숱 처리 전   **숱 처리 후**

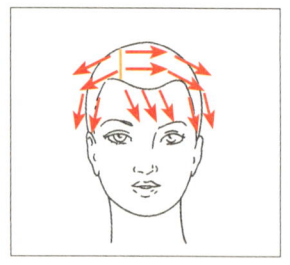

어린이들의 숱가위 처리는 어른들과는 다르게 더 해주어야 한다. 어린이들의 모발을 숱 처리할 때는 발육이 덜 된 상태이기 때문에 뭉친 곳의 부분을 확실히 집어서 시술을 해야 한다. 위의 사진에서 보면 별표의 밝은 부분이 모발이 뭉쳐 있는 곳이고, 화살표 부분은 처진 곳이다.

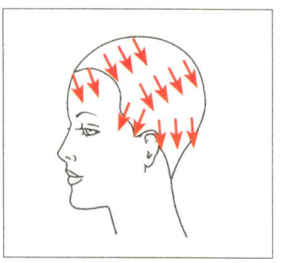

두정부의 숱 처리는 1/2 이상이 되면 안 되고 그림의 측두부도 1/2 이상 숱 처리 하면 안 된다. 측두부를 숱 처리 할 때 귀 뒤의 모발이 뭉쳐 있는 경우가 많은데, 잘라낸다면 문제가 되지 않지만 귀 위의 라인만 처리할 때는 숱 처리를 조심해야 한다.

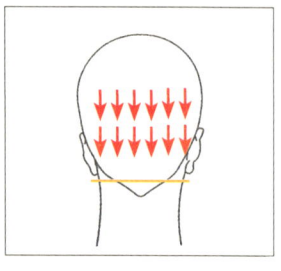

숱 처리를 할 때는 사진의 화살표 방향으로 숱가위를 내리면서 사선 처리하는 것이 기본이지만, 싱글링 방식으로 하는 숱 처리 방법도 있다. 하지만 모발의 성질을 이해하면 사선으로 처리하는 것이 옳은 시술 방법이다.

숱가위 처리 도해도 3 상고 커트

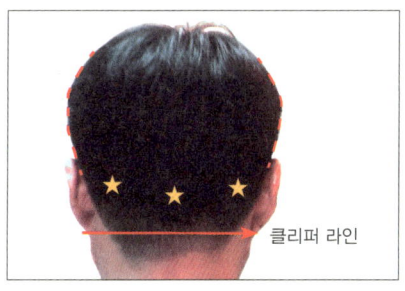

클리퍼 라인

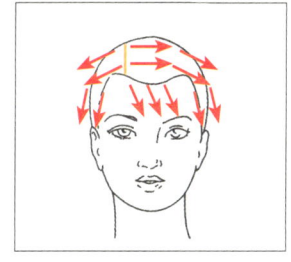

　숱 처리를 할 때 '1/3 지점', '1/2 지점' 하는 것은 뿌리에서부터가 아니라 모발 끝에서부터를 말한다. 하지만 귀 윗부분이나 후두부 밑 부분을 처리할 때는 뿌리부분부터 한다. 두정부의 모발에 숱 처리를 할 때는 절대로 1/2 이상 시술하지 않아야 한다.

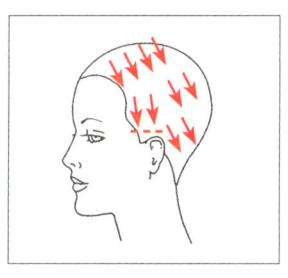

　측두부에는 뜨는 모발이라는 것은 없다. 뻗치는 모발은 있을 수 있지만 뜨는 모발은 잘못된 시술에서 나온 것이다. 측두부의 뻗치는 상황은 그림의 점선부분인데 점선부분 밑으로는 모발이 차분하게 내려온다. 뻗치는 모발은 모류에 의한 부분인데 이 경우는 숱 처리를 3/4 지점까지 깊이 들어가서 하고 숱가위의 시술을 하면서 숱가위를 슬라이싱으로 내린다.

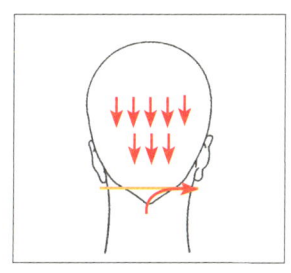

　후두부의 밑라인은 C컷(⌒→) 으로 시술하고 화살표가 있는 곳의 모발에 숱 처리를 화살표 방향으로 내리면서 해준다. 후두부의 중앙 부분은 2/3까지 숱가위가 모발 사이로 들어가서 시술한다.

숱가위 처리 도해도 4 곱슬 커트

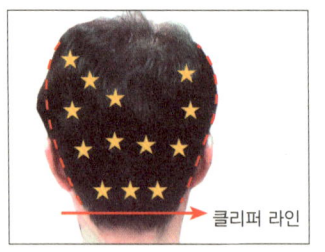 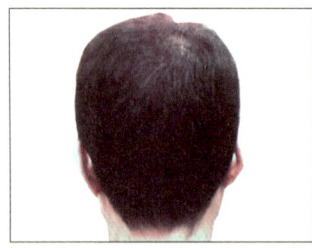

← 클리퍼 라인

숱 처리 전   **숱 처리 후**

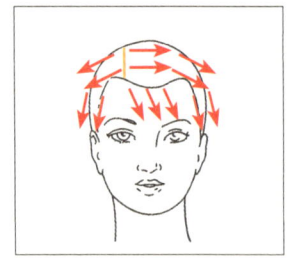

위의 사진에서 별표 부분은 숱 처리를 할 곳을 표시한 것이다. 밝은 부분은 웨이브가 있어서 튀어나온 모발이고, 검은 부분은 정상인 모발인데 튀어나온 모발의 중간 부분을 숱 처리 해주면 튀어나온 모발이 정상인 모발과 어울리면서 자연스럽게 흘러내리게 된다.

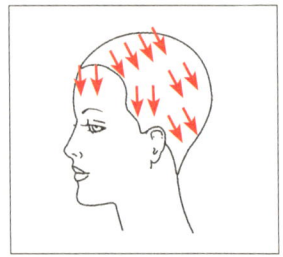

측두부의 상황도 별반 다르지 않은데 귀의 윗부분과 귀의 뒷부분을 염두에 두고 숱 처리를 해야 한다. 귀 부분은 귀가 돌출되어 있기 때문에 안전을 염두에 두고 시술해야 한다.

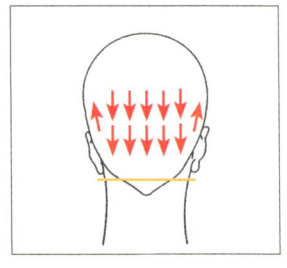

사진은 후두부 밑 부분이 중앙으로 몰리는 중앙 쏠림형의 모발인데 이 경우는 후두부에서 측두부로 올라가는 화살표 방향으로 숱가위를 넣어서 숱 정리를 해준다. 이 경우 뿌리부분까지 시술해도 된다.

숱가위 처리 도해도 5 긴 상고 커트

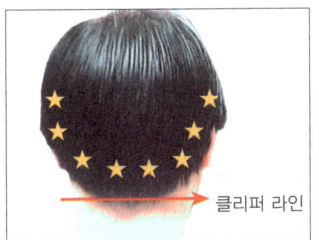

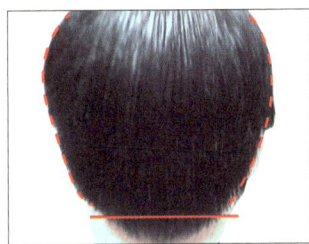

클리퍼 라인

숱 처리 전 **숱 처리 후**

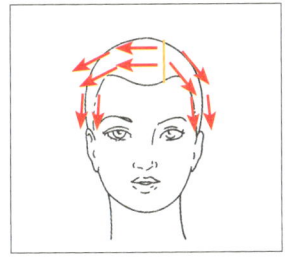

두정부의 모발은 숱의 양이 많지 않기 때문에 숱 처리를 할 때는 정리만 한다는 기분으로 시술을 해야 한다. 이 경우는 1/3 이상 들어가면 모발의 감소가 많기 때문에 두피가 확실히 보이게 되므로 주의해야 한다.

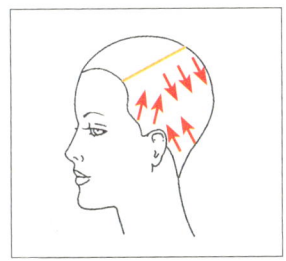

측두부의 모발은 귀의 윗부분이 사진에서처럼 뭉쳐서 내려오는 경우가 많다. 모발을 빗으로 들추어내어 귀의 윗부분을 뿌리부분까지 숱가위를 세워넣고 시술한다.

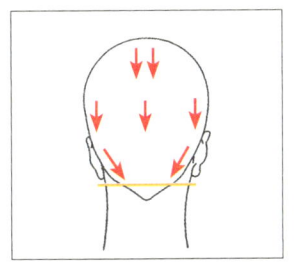

후두부 밑라인의 모류는 많이 시술하지 말고 귀의 뒷부분에 사선으로 화살표처럼 모발 사이에 숱가위를 집어넣어 숱 처리해준다.

숱가위 처리 도해도 6 제비추리 커트

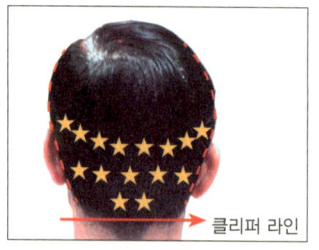  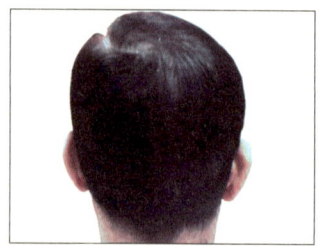

클리퍼 라인

숱 처리 전   **숱 처리 후**

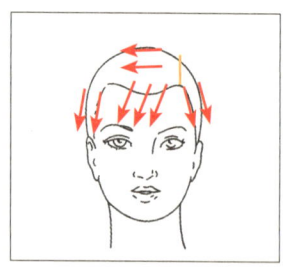

제비추리 형은 상당한 까다로움이 요구되고 숱 처리를 섬세하게 해야 한다. 두정부에 모발의 양이 적은 관계로 숱 처리는 화살표 방향으로 정리만 한다는 기분으로 해준다. 별표 부분을 신중히 정리한다.

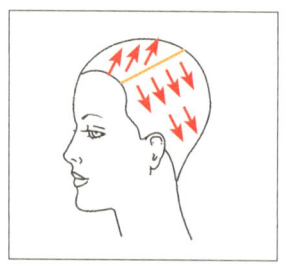

측두부의 모발은 귀의 윗부분과 귀의 뒷부분이 중요하다. 귀 앞모발도 있는데 귀앞 모발을 정리만 한다는 기분으로 해주고 귀 뒷부분에 화살표 방향으로 숱가위를 사선으로 넣어 시술한다.

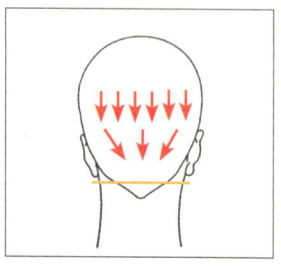

위 사진의 별표 부분을 집중적으로 숱 처리를 하는데 측두부에서 후두부 중앙으로 모발이 밀려오고 있는 이 부분과 후두부 밑 라인의 모발이 중앙 쏠림 모류이기 때문에 이 부분도 숱 처리를 해야 한다. 그림의 화살표 방향으로 숱가위를 밀면서 숱 처리를 한다.

면도

일도기 잡는 자세

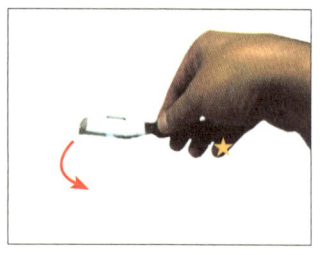

*바로잡기

   일도기를 잡는 자세 중 하나인 바로잡기이다. 사진에서 보면 손가락으로 일도기의 몸통을 잡고 있다. 새끼손가락인 소지(★)는 사진에서처럼 안쪽에 두는데 일도기가 움직이지 않도록 고정시켜주는 역할을 한다.

*꺾어잡기

   일도기를 잡는 자세 중 하나인 꺾어잡기이다. 사진에서 보면 손가락으로 일도기의 몸통을 잡고 있다. 새끼손가락인 소지(★)는 사진에서처럼 안쪽에 두는데 일도기가 움직이지 않도록 고정시켜주는 역할을 한다.

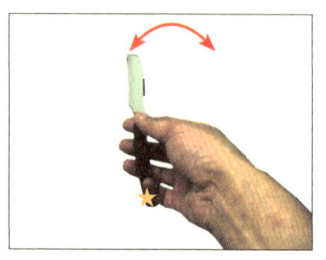

*세워잡기

   일도기를 잡는 자세 중 하나인 세워잡기이다. 사진에서 보면 손가락으로 일도기의 몸통을 잡고 있다. 새끼손가락인 소지(★)는 사진에서처럼 안쪽에 두는데 일도기가 움직이지 않로록 고정시켜주는 역할을 한다.

면도하는 방법

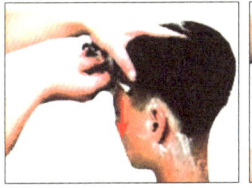
구레나룻 앞 라인을 화살표 방향으로 내리며 잔털을 정리한다.

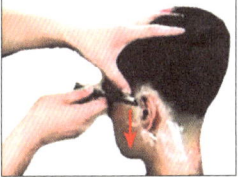
구레나룻 라인을 화살표 방향으로 내리며 잔털을 정리한다.

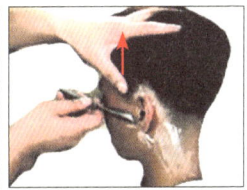
이때 왼손 엄지손가락은 두피를 위(↑)로 당겨올려주어야 한다.

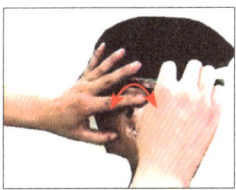
귀 윗라인을 화살표 방향으로 돌리며 잔털을 정리한다.

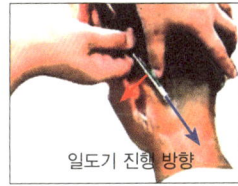
귀 뒷라인을 화살표 방향으로 내리며 잔털을 정리한다.

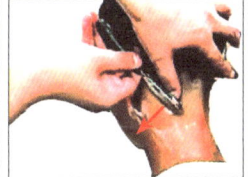
귀 뒷라인을 화살표 방향으로 내리며 잔털을 정리한다.

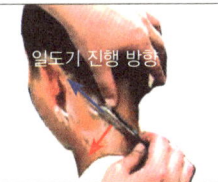
귀 뒷라인을 화살표 방향으로 내리며 잔털을 정리한다.

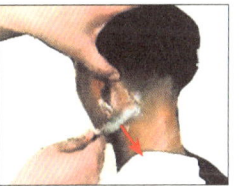
귀 뒤 목 라인을 화살표 방향으로 내리며 잔털을 정리한다.

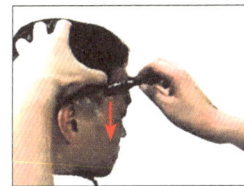
구레나룻 앞 라인을 화살표 방향으로 내리며 잔털을 정리한다.

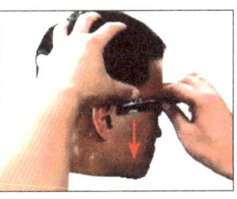
구레나룻 라인을 화살표 방향으로 내리며 잔털을 정리한다.

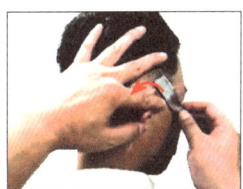
귀 윗라인을 화살표 방향으로 돌리며 잔털을 정리한다.

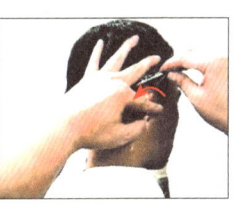
귀 윗라인을 화살표 방향으로 돌리며 잔털을 정리한다.

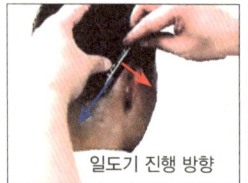
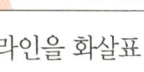

일도기 진행 방향

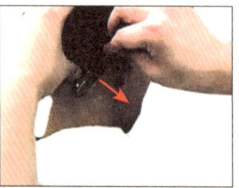

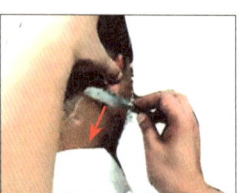

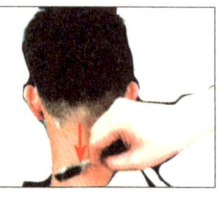

| 귀 뒷라인을 화살표 방향으로 내리며 잔털을 정리한다. | 귀 뒤 목 라인을 화살표 방향으로 내리며 잔털을 정리한다. | 귀 뒤 목 라인을 화살표 방향으로 내리며 잔털을 정리한다. | 후두부 밑라인을 화살표 방향으로 내리며 잔털을 정리한다. |